グラフィカルモデル
Graphical Models

渡辺有祐

講談社

■ 編者

杉山　将 博士（工学）

理化学研究所 革新知能統合研究センター センター長

東京大学大学院新領域創成科学研究科 教授

■ シリーズの刊行にあたって

　インターネットや多種多様なセンサーから，大量のデータを容易に入手できる「ビッグデータ」の時代がやって来ました．現在，ビッグデータから新たな価値を創造するための取り組みが世界的に行われており，日本でも産学官が連携した研究開発体制が構築されつつあります．

　ビッグデータの解析には，データの背後に潜む規則や知識を見つけ出す「機械学習」とよばれる知的データ処理技術が重要な働きをします．機械学習の技術は，近年のコンピュータの飛躍的な性能向上と相まって，目覚ましい速さで発展しています．そして，最先端の機械学習技術は，音声，画像，自然言語，ロボットなどの工学分野で大きな成功を収めるとともに，生物学，脳科学，医学，天文学などの基礎科学分野でも不可欠になりつつあります．

　しかし，機械学習の最先端のアルゴリズムは，統計学，確率論，最適化理論，アルゴリズム論などの高度な数学を駆使して設計されているため，初学者が習得するのは極めて困難です．また，機械学習技術の応用分野は非常に多様なため，これらを俯瞰的な視点から学ぶことも難しいのが現状です．

　本シリーズでは，これからデータサイエンス分野で研究を行おうとしている大学生・大学院生，および，機械学習技術を基礎科学や産業に応用しようとしている大学院生・研究者・技術者を主な対象として，ビッグデータ時代を牽引している若手・中堅の現役研究者が，発展著しい機械学習技術の数学的な基礎理論，実用的なアルゴリズム，さらには，それらの活用法を，入門的な内容から最先端の研究成果までわかりやすく解説します．

　本シリーズが，読者の皆さんのデータサイエンスに対するより一層の興味を掻き立てるとともに，ビッグデータ時代を渡り歩いていくための技術獲得の一助となることを願います．

2014 年 11 月

「機械学習プロフェッショナルシリーズ」編者
杉山 将

■ はじめに

　世界にはさまざまな不確実性が存在します．これらの不確実性の多くは，根本的には情報の不足によるものですが，確率によってモデル化するというのが統計学，そして機械学習の基本思想です．

　グラフィカルモデルは確率モデルをグラフを用いて記述したものです．その基本的なアイディアはとても単純で，直接的に関係のある確率変数同士を辺でつないだグラフを考えるというものです．単純であるがゆえに，グラフィカルモデルはいたるところに存在します．深層学習で用いられる制約付きボルツマンマシンは典型的なグラフィカルモデルですし，機械学習でよく用いられる混合ガウス分布やナイーブベイズモデルもグラフィカルモデルとして解釈できます．そのほかにも，数理最適化，誤り訂正符号，画像処理などの幅広い分野でグラフィカルモデルを見出すことができます．

　本書は，グラフィカルモデルに触れている，触れたことがある，触れるかもしれない研究者，技術者，学生を対象とした入門書です．本書を通じてグラフィカルモデルの基本的事項を学ぶことを目標にしています．グラフィカルモデルの用いられ方は多岐に渡るので，もちろんそのすべてを詳細に至るまでカバーすることはできませんが，本書を読めばその全体像がつかめるはずです．

　本書で解説する定理や命題には，一部の例外をのぞいて，証明を付けています．証明を理解するために必要な数理的基礎は付録に載せ，なるべくほかの本を参照しなくて済むように配慮しました．大学初年度程度の線形代数や確率論の知識があれば十分読み進められると思います．

　グラフィカルモデルの面白さは，確率モデルに対してグラフ構造という観点を与えることにあると思います．確率の値が何であれ，グラフ構造によって計算が簡単になったり，難しくなったりします．本書がグラフ構造という新しい視座を養う物となれば幸いです．

　本書の構成は次のとおりです．

　第1章は，グラフィカルモデルの導入的な解説です．グラフィカルモデルには，確率推論，MAP推定，構造学習といった計算タスクがあることを説明

します．続く第2章には，確率論の基礎的な事項をまとめました．特に条件付き確率，条件付き独立性はグラフィカルモデルの理解に必須となります．第3，4章では，グラフィカルモデルにはベイジアンネットワークとマルコフ確率場の2種類があることを解説し，さらに第5章では，因子グラフによる表現を導入します．ここまでで，各種グラフィカルモデルの定義と特徴付けを学ぶことになります．

以降の章では，各種計算タスクとそれを解くためのアプローチについて順に解説します．第6，7，8章では確率推論を，第9，10，11章ではパラメタ学習を，第12，13章ではMAP推定をに解説します．最後に14章では，グラフィカルモデルのグラフ構造学習について触れます．

本書の最後には，数理的な部分に関する付録を付けました．本文を読む際に必要になるので適宜参照してください．特に，付録Bでは本書で必要になる凸解析の必要事項を，付録Cでは指数型分布族の基本事項をコンパクトに解説しました．

最後に，本書の執筆にあたってお世話になった皆様方に心より感謝申し上げます．統計数理研究所の福水健次先生，池田思朗先生には原稿にコメントを頂くなど，大変お世話になりました．講談社サイエンティフィクの瀬戸晶子さんにも出版に至るまでさまざまな支援をいただきました．本シリーズ編者の杉山将先生には，本書を執筆するという貴重な機会を与えてくださったことを感謝申し上げます．

2016年3月

渡辺有祐

目 次

- シリーズの刊行にあたって iii
- はじめに v

第 1 章　グラフィカルモデル入門 1

1.1　ベイジアンネットワークとは 1
　　1.1.1　自分 1 人の確率モデル 2
　　1.1.2　両親を入れた確率モデル 3
　　1.1.3　配偶者と子を入れた確率モデル 4
　　1.1.4　データからの学習 5
　　1.1.5　データからの構造学習 6
1.2　マルコフ確率場とは 6
1.3　グラフ構造を考える利点 7

第 2 章　確率論の基礎 9

2.1　確率論の基礎 9
　　2.1.1　確率の数学的定式化 9
　　2.1.2　確率変数の分布関数 11
2.2　確率変数の独立性 12
2.3　条件付き確率 14
　　2.3.1　条件付き確率の定義 14
　　2.3.2　独立性と条件付き確率 15
2.4　条件付き独立性 16
　　2.4.1　条件付き独立性の定義 16
　　2.4.2　条件付き独立性の性質 17
　　2.4.3　条件付き独立な確率変数の例 17
　　2.4.4　独立性と条件付き独立性の違い 18
2.5　連続的な確率変数の取り扱い 18
　　2.5.1　確率密度関数 19
　　2.5.2　条件付き確率密度関数 20

第 3 章　ベイジアンネットワーク 21

3.1　有向グラフの用語 21
3.2　有向非巡回グラフの特徴付け 23
3.3　ベイジアンネットワークの定義 24
3.4　ベイジアンネットワークの因子分解 25

	3.4.1　因子分解定理 ·	25
	3.4.2　ベイジアンネットワークの構成 ·	26
3.5	ベイジアンネットワークの例 ·	27
	3.5.1　自明なベイジアンネットワークとマルコフ過程 · · · · · · · · · · · · · ·	27
	3.5.2　3 変数からなるベイジアンネットワーク · · · · · · · · · · · · · · · · · ·	28
3.6	グラフと条件付き独立性 ·	29
	3.6.1　グラフ理論的準備 ·	29
	3.6.2　条件付き独立性と d 分離 ·	31

第 4 章　マルコフ確率場 · 　35

4.1	無向グラフの用語 ·	35
4.2	マルコフ確率場の定義 ·	36
4.3	マルコフ確率場の因子分解 ·	38
4.4	ベイジアンネットワークとマルコフ確率場 ·	40
4.5	例：ガウス型のマルコフ確率場 ·	41

第 5 章　因子グラフ表現 · 　43

5.1	超グラフの用語 ·	43
5.2	因子グラフ型モデルの定義 ·	45
5.3	因子グラフ型モデルとマルコフ確率場 ·	46
5.4	因子グラフ型モデルとベイジアンネットワーク · · · · · · · · · · · · · · · · · · ·	47
5.5	因子グラフ型モデルの例 ·	47
	5.5.1　2 値ペアワイズモデル ·	47
	5.5.2　組み合わせ最適化問題 ·	48

第 6 章　周辺確率分布の計算 1.：確率伝搬法 · · · · · · · · · · · 　51

6.1	確率推論の定式化 ·	51
6.2	木の上での確率伝搬法 ·	52
	6.2.1　木の定義 ·	53
	6.2.2　直線型グラフ上での確率伝搬法 ·	53
	6.2.3　ペアワイズモデルでの確率伝搬法 ·	55
	6.2.4　因子グラフでの確率伝搬法 ·	56
6.3	適用例：隠れマルコフモデル ·	59
6.4	連続変数の場合 ·	60
6.5	ほかの厳密計算方法 ·	61

第 7 章　周辺確率分布の計算 2.：ベーテ近似 · · · · · · · · · · · 　63

7.1	サイクルのあるグラフ上での確率伝搬法 ·	63
	7.1.1　確率伝搬法のアルゴリズム ·	63

            7.1.2　例: サイクルを 1 つもつグラフ上での確率伝搬法 · · · · · · · · · · · · · · · · 65
    7.2　変分法による定式化 · 66
            7.2.1　ギブス自由エネルギー関数 · 66
            7.2.2　ベーテ自由エネルギー関数 · 67
    7.3　一般化確率伝搬法 · 70
            7.3.1　交わりで閉じた部分集合族 · 71
            7.3.2　木の場合の確率の分解公式 · 72
            7.3.3　菊池エントロピー関数の導出 · 73
            7.3.4　菊池エントロピー関数とベーテエントロピー関数の関係 · · · · · · · 75
            7.3.5　一般化確率伝搬法の導出 · 75
            7.3.6　一般化確率伝搬法の計算例 · 77
            7.3.7　一般化確率伝搬法と菊池自由エネルギー関数 · · · · · · · · · · · · · · · · · · 77

第 8 章　周辺確率分布の計算 3.: 平均場近似 · · · · · · · · · · · 81

    8.1　平均場近似 · 81
    8.2　例: イジングモデルの場合 · 82
    8.3　平均場近似と関連手法 · 83
    8.4　周辺確率分布の計算 サンプリングによる方法 · 84

第 9 章　グラフィカルモデルの学習 1.: 隠れ変数のないモデル · 85

    9.1　ベイジアンネットワークの学習 · 86
            9.1.1　最尤法による学習 · 86
            9.1.2　ベイズ法による学習 · 87
    9.2　因子グラフ型モデルの学習: 基本 · 88
            9.2.1　学習の定式化 · 89
            9.2.2　IPF アルゴリズムによる最尤推定 · 90
    9.3　因子グラフ型モデルの学習: 変分法による近似 · 92
            9.3.1　分配関数とエントロピー関数の上界 · 92
            9.3.2　分配関数の TRW 上界 · 93
            9.3.3　ベーテ近似 · 97
    9.4　擬尤度関数による学習 · 97

第 10 章　グラフィカルモデルの学習 2.: 隠れ変数のあるモデル · 99

    10.1　問題設定と定式化 · 99
            10.1.1　対数尤度関数の微分 · 100
    10.2　変分下界と変分的 EM アルゴリズム · 101
            10.2.1　準備: KL ダイバージェンス · 101
            10.2.2　変分下界の導出と最適化 · 102

	10.2.3 変分的 EM アルゴリズム	103
	10.2.4 EM アルゴリズム	103
10.3	グラフィカルモデルに対する変分的 EM アルゴリズム	106
10.4	ほかの学習手法	107
	10.4.1 サンプリングによる方法	107
	10.4.2 Wake-sleep アルゴリズム	107

第 11 章　グラフィカルモデルの学習 3.：具体例 ……… 109

11.1	ボルツマンマシン	109
	11.1.1 平均場近似	110
	11.1.2 ベーテ近似	111
11.2	隠れマルコフモデル	112
	11.2.1 EM アルゴリズムによる学習	112
	11.2.2 ベイジアン隠れマルコフモデル	113

第 12 章　MAP 割り当ての計算 1.：最大伝搬法 ……… 115

12.1	MAP 推定とは	115
12.2	メッセージ伝搬による MAP 推定	117
	12.2.1 直鎖型構造の場合の計算	117
	12.2.2 木のグラフ上での最大伝搬法	118
	12.2.3 サイクルのある因子グラフ上の最大伝搬法	120
12.3	TRW 最大伝搬法	120

第 13 章　MAP 割り当ての計算 2.：線形緩和による方法 123

13.1	MAP 推定問題の線形計画問題としての定式化	123
13.2	緩和問題	124
13.3	緩和問題の切除平面法による改良	126
	13.3.1 サイクル不等式	127
	13.3.2 分離アルゴリズム	127
13.4	双対分解とメッセージ伝搬による解法	128
	13.4.1 緩和問題の双対	128
	13.4.2 MPLP アルゴリズム	130
	13.4.3 関連アルゴリズム	132

第 14 章　グラフィカルモデルの構造学習 ……………… 133

14.1	構造学習とは	133
14.2	マルコフ確率場の学習	134
	14.2.1 独立性条件を用いる方法	134
	14.2.2 スパース正則化を用いる方法	135

14.3　ベイジアンネットワークの構造学習 136
　　　　14.3.1　条件付き独立性を用いる方法 136
　　　　14.3.2　スコア関数を最大化する方法 138

付録 A　公式集 139

A.1　条件付き独立性の公式 139
A.2　半順序集合とメビウス関数 141
　　A.2.1　半順序集合の基本性質 141
　　A.2.2　メビウス関数 142

付録 B　凸解析入門 145

B.1　定義 145
　　B.1.1　凸集合 145
　　B.1.2　凸関数 147
B.2　Fenchel 双対 149
　　B.2.1　Fenchel 双対の定義 149
　　B.2.2　Fenchel 双対の性質 150
　　B.2.3　Fenchel 双対の例 151
B.3　凸最適化問題の双対性 151
　　B.3.1　凸最適化問題 152
　　B.3.2　強双対性 152
　　B.3.3　KKT ベクトルと最適性条件 153

付録 C　指数型分布族 157

C.1　指数型分布族の定義 157
C.2　指数型分布族のパラメタ変換 159
　　C.2.1　指数型分布族のパラメタ変換の導出 159
　　C.2.2　例 1. 平均 0 の多次元ガウス分布 160
　　C.2.3　例 2. 有限集合の場合 161

■　参考文献 163
■　索　引 167

Chapter 1

グラフィカルモデル入門

本章では，グラフィカルモデルとはどのようなものなのか，どのような計算が必要になるのか，概要をつかむことを目標とします．用語の正確な定義などは次章以降に譲ります．

1.1 ベイジアンネットワークとは

グラフィカルモデルには大きく分けて**ベイジアンネットワーク** (有向) と**マルコフ確率場** (無向) があります．簡単にいうと前者では確率的な因果関係をモデル化し，後者では確率的な依存関係をモデル化します．

この節では，血液型の遺伝子型を例にとり，ベイジアンネットワークの考え方について説明していきます．

人間の血液の**遺伝子型** (**genotype**) は A, B, O の 3 種類の遺伝子のペアによって定まります．すなわち，AA, AO, BB, BO, AB, OO の 7 種類があります．説明の都合上，7 種類もあると大変なので B の遺伝子が存在しない世界を考えましょう[*1]．これだと，AA, AO, OO の 3 つの遺伝子型が存在することになります．

人間の**血液型** (**blood type**) は，遺伝子型によって決まります．遺伝子型が AA または AO の場合，血液型は必ず A 型になります．また，遺伝子型が OO の場合，血液型は必ず O 型になります．

[*1] 実際，オーストラリア原住民には B 型はいなかったといわれています．

1.1.1 自分1人の確率モデル

確率変数 X が自分の血液型を表し，Z が自分の遺伝子型を表すとしましょう．今，自分の血液型も遺伝子型も知らないとしたら，その確率をどのようにモデル化すればよいでしょうか．

遺伝子型 z の確率が $P_g(z)$ で与えられるとします．遺伝子型から，血液型は決定論的に決まるので，それを P_o によって表現します．すなわち，遺伝子型 z のもとでの血液型 x の確率 $P_o(X=x|Z=z)$[*2] は

$$P_o(X=x|Z=z) = \begin{cases} 1 & x=A, z=AA \\ 1 & x=A, z=AO \\ 1 & x=O, z=OO \\ 0 & \text{それ以外の場合} \end{cases}$$

のようになります．これにより X, Z の同時確率

$$P(X, Z) = P_o(X|Z)P_g(Z) \qquad (1.1)$$

が定まります．式 (1.1) は，何かを証明したわけではなく，1 つのモデル化です．Z から X が決まっているので，このプロセスは模式的に図 1.1 のように表されます．

図 1.1 遺伝子型と血液型の確率モデル

このとき興味があるのは，どのようなことでしょうか．通常の血液検査でわかる血液型から，遺伝子型を推定したくなったとしましょう．検査の結果，$X=A$ と判明した場合，Z の確率分布は条件付き確率分布

$$P(Z|X=A) = \frac{P_o(X=A|Z)P_g(Z)}{P(X=A)}$$

[*2] この式は条件付き確率を表しています．条件付き確率の正確な定義等については次章で解説します．

で与えられます．この式は**ベイズの定理 (Bayes' theorem)** と呼ばれる公式で，結果 X のもとでの，原因 Z の確率を計算しています．

たとえば $P_g(AA) = 9/16, P_g(AO) = 3/8, P_g(OO) = 1/16$ として，具体的に計算してみましょう．血液型が A のとき，遺伝子型が AA である確率は

$$P(AA|X=A) = \frac{P_g(AA)}{P_g(AA) + P_g(AO)} = \frac{3}{5} \tag{1.2}$$

のように求まります．

1.1.2 両親を入れた確率モデル

自分の (血液型の) 遺伝子型は，両親の血液の遺伝子型からある確率で決まります．たとえば父親の血液型が AO 型，母親の血液型が OO 型だとしましょう．父親からは 2 分の 1 の確率で A が，もう 2 分の 1 の確率で O が受け渡されます．母親からは確率 1 で O が受け渡されます．よって，自分の遺伝子型が AO, OO である確率はそれぞれ 2 分の 1 になります．

この種の考察により，父親と母親の遺伝子型ごとに自分の遺伝子型の確率分布を計算することができます．この $3 \times 3 \times 3$ の条件付き確率のテーブルを $P_i(Z_0|Z_1, Z_2)$ と表記することにします．Z_0, Z_1, Z_2 はそれぞれ，自分，父親，母親の遺伝子型です (実際に，書き出してみましょう)．

これを使って，式 (1.1) よりも精緻な確率モデルを構築することができます．自分と両親の血液型，遺伝子型の同時確率は

$$P(X_0, Z_0, X_1, Z_1, X_2, Z_2) = \\ P_o(X_0|Z_0)P_o(X_1|Z_1)P_o(X_2|Z_2)P_i(Z_0|Z_1, Z_2)P_g(Z_1)P_g(Z_2)$$

で与えられます．関係する確率変数が多いので，図 **1.2** のように図示するとわかりやすいでしょう．これは本書で解説するベイジアンネットワークの例になっています．

再び，自分の遺伝子型を推定する問題を考えてみます．この三者の血液型のもとでの条件付き確率は

$$P(Z_0|X_0, X_1, X_2) = \frac{P(Z_0, X_0, X_1, X_2)}{P(X_0, X_1, X_2)}$$

で与えられます．

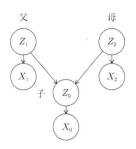

図 1.2 両親を入れた確率モデル

今,自分と両親の血液型がすべて A 型であるとして,自分の遺伝子型が AA である確率を求めてみましょう.簡単な計算により,

$$P(Z_0 = AA|X_0 = A, X_1 = A, X_2 = A) = \frac{8}{13}$$

が確認できます.これは式 (1.2) の値よりも若干増えており,直感に合致します.

次に,自分の遺伝子型だけでなく両親の遺伝子型も同時に知りたくなったとします.これは自分と両親の遺伝型の組み合わせのうち,最も確率の高い組み合わせを求める問題になります.式で書くと,

$$\underset{Z_0, Z_1, Z_2}{\operatorname{argmax}} P(Z_0, Z_1, Z_2|X_0, X_1, X_2)$$

となります.このように,(与えられた条件付けのもとで) 確率が最大になる値の組み合わせは,**MAP 割り当て** (maximum a posteriori assignment) と呼ばれます.

再び,自分と両親の血液型がすべて A 型であるとして計算してみます.各 Z_i についてそれぞれ AA, AO の 2 通りの可能性があります.詳細は省略しますが,計算により最も確率が高い組み合わせは,$Z_0 = AA, Z_1 = AA, Z_2 = AA$ であることがわかります.

1.1.3 配偶者と子を入れた確率モデル

さらに,配偶者と子も追加してみましょう.それぞれの血液型の変数を X_3, X_4 とします.大分複雑になってきましたが,全員の血液型と遺伝子型

の同時確率分布は，

$$P(X_0, Z_0, X_1, Z_1, X_2, Z_2, X_3, Z_3, X_4, Z_4) =$$
$$P_o(X_0|Z_0)P_o(X_1|Z_1)P_o(X_2|Z_2)P_o(X_3|Z_3)P_o(X_4|Z_4)$$
$$P_i(Z_0|Z_1,Z_2)P_g(Z_1)P_g(Z_2)P_g(Z_3)P_i(Z_4|Z_0,Z_3)$$

となります．これはベイジアンネットワークとしては図 1.3 のように表現されます．

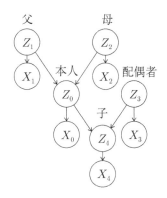

図 1.3 配偶者と子を入れた確率モデル

ここまで来ると，自分の遺伝子型の確率の計算や MAP 割り当てを定義からそのまま計算するのは大変です．本書ではこれらを効率的に計算するためのアルゴリズムを紹介します．確率の計算については第 6 章から第 8 章で，MAP 割り当ての計算については第 12 章から第 13 章で詳しく解説します．

1.1.4 データからの学習

ここまでは，確率 P_o や条件付き確率 P_g, P_i が事前にわかっているとして話を進めてきました．しかし，血液型の遺伝のように背後に明確な物理的プロセスがある場合を除いて，確率が事前にわかっていることはまれです．

たとえば，その人の性格を確率変数として加えたモデルに拡張してみましょう[*3]．この確率変数の値としては，「几帳面」，「大雑把」があるとしま

[*3] 都合上，血液型と性格が関係あるかもしれないという想定で話を進めます．ちなみに筆者は血液型性格診断をまったく信じていません．

す．性格が几帳面であることは血液型が A 型である確率を上げるかもしれません．

このときの計算には，$P(几帳面|A)$ や $P(几帳面|O)$ 等の確率が必要になりますが，これらの値はたくさんの人のデータを集めてみないとわかりません．たとえば，A 型の人が 100 人いたとき，70 人が几帳面で 30 人が大雑把だとすると，$P(几帳面|A) = 0.7$ や $P(几帳面|O) = 0.3$ のように決められます．このように，(条件付き) 確率の値をデータから決めることは，グラフィカルモデルのパラメタ学習と呼ばれます．本書では第 9 章から第 11 章でその方法を解説します．

1.1.5 データからの構造学習

ここまでの議論では，どの確率変数からどの確率変数が決まるかという関係はすでにわかっているものとして議論してきました．実際，血液型の遺伝では，子供の遺伝子型は親の遺伝子型から決まるというのが科学的知識からわかるので，グラフ構造が定まっていました．しかし，このような関係が事前にまったくわからない場合もあります．データから確率変数の間の「矢印」を学習することは**構造学習 (structure learning)** と呼ばれます．第 14 章ではさらに，グラフィカルモデルの構造学習についても概要を解説します．

1.2 マルコフ確率場とは

前節では，条件付き確率の表がたくさん集まって作られる，ベイジアンネットワークの例を解説しました．グラフィカルモデルにはもう 1 つ，マルコフ確率場と呼ばれる重要なクラスがあります．マルコフ確率場における確率変数は，一方が他方を決めるのではなく，相互に関連しあっているイメージです．

マルコフ確率場の最も素朴なものは**イジングモデル (Ising model)** と呼ばれる確率モデルです．このモデルでは，格子状にスピンと呼ばれる量があり，それぞれ ± 1 の値をとります．$+1$ がスピンが上向きになっていることを表し，-1 がスピンが下向きになっていることを表します[*4]．

[*4] ここでは，スピンとは何かについて深く理解する必要はありません．単に，格子点上に ± 1 の値をとる変数があると考えれば十分です．

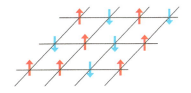

図 1.4　イジングモデルの図

　格子点 i 上のスピン x_i はその周囲のスピンの値によって確率的に決まります．全体の確率は，

$$P(x) = \frac{1}{Z} \exp(\sum_{i \sim j} J_{ij} x_i x_j + \sum_i h_i x_i) \tag{1.3}$$

によって与えられます．ここで，Z は規格化定数で，$i \sim j$ に関する和はすべての隣接する格子点 i と j に関して足しています．この形の分布は**ギブス分布 (Gibbs distribution)** と呼ばれています．$J_{ij} > 0$ であれば x_i と x_j は同じ値を取る確率が高く，$J_{ij} < 0$ であれば異なる値をとる確率が高くなります．また，$h_i > 0$ であれば，x_i が値 1 を取る確率は高くなります．

　簡単な式変形からわかるとおり，

$$P(x_i | \{x_j\}_{j \neq i}) = P(x_i | x_{N(i)}) = \exp(2 \sum_{j \in N(i)} J_{ij} x_j + 2h_i)$$

が成立します．ここで，$N(i)$ は i に隣接する格子点を表します．この式から，x_i の確率的な振る舞いは，その近傍の格子点の変数の値から決まることがわかります．これは，マルコフ確率場を特徴付ける性質になっています．詳しくは第 4 章で議論します．

　マルコフ確率場に関しても，ベイジアンネットワークの場合と同じく，確率の計算，MAP 割り当ての計算，パラメタ学習，構造学習が必要になります．マルコフ確率場のパラメタ学習 (**parameter learning**) とは，$\{J_{ij}\}, \{h_i\}$ をデータから推定することにほかなりません．

1.3　グラフ構造を考える利点

　確率のもつグラフ構造を考えることにはいくつかの利点があります．1つ

目は，少ない情報で，確率を表現できることです．たとえば前節のイジングモデルでは，スピンが M 個存在する場合，x の値の場合の数は，2^M 個あります．この状態の上の確率分布をそのまま表現しようとすると，$2^M - 1$ 個の値を保持する必要があります．しかし，式 (1.3) では，$O(M)$ 個のパラメタから確率を定義できています．この節約は，特にグラフの辺が少ない (すなわちグラフが疎である) ときに効果的です．この事情はベイジアンネットワークの場合でも同様です．

もう1つの利点は，このグラフ構造を用いて，確率やMAP割り当ての (近似) 計算を効率化できることです．たとえばスピン x_i の確率計算の場合，定義通りに計算すると $O(2^M)$ 回の計算が必要ですが，グラフ構造をうまく利用して，計算量を抑えられるケースがあります．詳細については本書で議論しますが，これもグラフの辺が疎な場合に効果的です．

実際，確率モデルのパラメタを推定する場合，これらの利点はともに重要です．パラメタ数が少ないほうが，限られたデータでも精度よく推定することができます．一方，パラメタ推定には，確率計算が用いられているので，確率計算が高速化されればパラメタ推定の計算も高速化されます．

確率モデルの設計の観点からは，グラフの構成には，対象に関する知識を作り込むことができます．直接的に「関係がある」ところのみを辺で結ぶことによってグラフ構造が得られます．逆に，データからグラフ構造が学習できれば対象に対する知見が得られるともいえます．

Chapter 2

確率論の基礎

本章では，確率論の基本的な事項と記法を確認します．特にグラフィカルモデルの理解に重要になる条件付き独立性の概念までを解説します．

2.1 確率論の基礎

2.1.1 確率の数学的定式化

ここではやや形式的な立場から確率論の基礎をまとめます．確率を数学的に定式化するには，σ-加法族と確率空間の概念を用いられます．まず最初に必要な定義を列挙しておきます．

> **定義 2.1**（$\sigma-$ 加法族）
>
> 集合 Ω その部分集合族[*1] $\mathcal{F}$ が以下の3つの条件を満たすとき，σ-加法族 (σ–algebra) という．
>
> 1. $\Omega \in \mathcal{F}$
> 2. $A \in \mathcal{F}$ ならば $\Omega \setminus A \in \mathcal{F}$ が成り立つ[*2]
> 3. $\mathcal{F}$ の加算個の元 $A_1, A_2, \ldots$ に対して $\cup_i A_i \in \mathcal{F}$ が成り立つ
>
> 組 $(\Omega, \mathcal{F})$ は**可測空間** (measurable space)，$\mathcal{F}$ の元は**可測集合** (measurable set) と呼ばれる．

[*1] $\mathcal{F}$ が Ω の部分集合族であれば，$A \in \mathcal{F}$ は $A \subset \Omega$ を満たします．
[*2] $\Omega \setminus A$ は A の補集合を表します．

> **定義 2.2（確率空間）**
>
> 集合 Ω と，その部分集合族から成る σ-加法族 $\mathcal{F}$ が与えられているとする．$\mathcal{F}$ から実数への写像 P が**確率** (**probability**) であるとは，以下の 3 つの条件 (コルモゴロフの公理) を満たすことである．
>
> 1. 任意の $A \in \mathcal{F}$ に対して $0 \leq P(A) \leq 1$
> 2. $P(\Omega) = 1$
> 3. 互いに素[*3]な $A_1, A_2, \ldots$ に対して $P(\cup_i A_i) = \sum_i P(A_i)$
>
> 集合 Ω は**標本空間** (**sample space**)，三つ組 $(\Omega, \mathcal{F}, P)$ は**確率空間** (**probability space**) と呼ばれる．

確率変数とは，標本空間上で定義された関数のことです．確率変数には，値域が「離散的」な集合である場合と，「連続的」な集合である場合があります．両者に本質的に大きな違いはないのですが，連続的な場合では記法が煩雑になるので，以下では基本的に離散的な場合を念頭に解説します．連続的な確率変数については本章の最後 (2.5 節) にまとめます．

> **定義 2.3（離散的な確率変数）**
>
> 写像 $X : \Omega \to \mathbb{Z}$ が**確率変数** (**random variable**) であるとは，任意の $x \in \mathbb{Z}$ に対して逆像 $X^{-1}(\{x\})$ が可測集合であることをいう[*4]．

ここまでは話が非常に抽象的になってしまったので，身近な例で解釈してみましょう．ここに 6 つの目の出方が均等でないサイコロがあるとします．

[*3] 2 つの部分集合 A_i と A_j が**互いに素** (**disjoint**) であるとは，$A_i \cap A_j = \emptyset (i \neq j)$ ということです．ここで $\emptyset$ は空集合を表します．

[*4] このとき，$X^{-1}(\{x_1, x_2, \ldots\}) = \cup_i X^{-1}(\{x_1\})$ より，任意の $B \subset \mathbb{Z}$ に対して $X^{-1}(B)$ は可測集合になります．

このサイコロを 1 回振ることは確率変数 $X : \Omega \to \{1, 2, 3, 4, 5, 6\}$ を 1 つ考えることに相当します．このとき，値が 1 であるという事象は，

$$A_1 := \{\omega \in \Omega | X(\omega) = 1\}$$

という Ω の部分集合によって表されます．$P(A_1)$ はサイコロの目が 1 に等しい確率にほかなりません[*5]．これはしばしば $P(X = 1)$ のように略記されるので注意してください．

コルモゴロフの公理の 1. は，サイコロの目の出る確率は，どれも 0 から 1 までであることをいっています．コルモゴロフの公理の 2. は，サイコロを振ってその目が 1 から 6 までのどれかである確率が 1 であるという，当然のことを要請しています．コルモゴロフの公理の 3. は，

$$1 \text{ が出る確率} + 2 \text{ が出る確率} = 1 \text{ または } 2 \text{ が出る確率}$$

ということを含意します．これはわれわれが慣れ親しんでいる確率の概念と合致しているのではないでしょうか．

2.1.2 確率変数の分布関数

確率変数 X に対し，$P(X = x)$ は X のとる値のばらつき方を表しています．これは x の関数として**確率分布関数**（または，**確率質量関数，probability mass function**）と呼ばれます．

同様に，2 つの確率変数 X, Y があったとき，その確率分布関数 $P(X = x, Y = y)$ は x, y の 2 変数関数とみなすことができます．これは

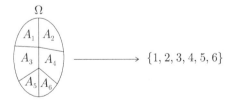

図 2.1 確率変数 X によって，Ω は $A_1, \ldots, A_6$ に分割される．

[*5] うるさくいうと，確率変数の条件により，$A_1 \in \mathcal{F}$ が保証されており，確率 $P(A_1)$ が定義されています．本当は任意の Ω の部分集合に対して確率が定義できれば便利なのですが，それは一般には不可能であることが知られています．よって，σ-加法族の取り扱いが必要になっています．

1つの確率変数に対する確率分布関数と対比的に**同時確率分布関数**（または，**同時確率質量関数**，**joint probability mass function**）と呼ばれます．

これを，y に関して足し上げると，

$$\sum_y P(X=x, Y=y) = P(X=x) \tag{2.1}$$

が成立します．このように，同時確率分布関数をどれかの変数に関して足し上げることを**周辺化 (marginalization)** といいます．この式は，同時確率分布関数を周辺化すると，残りの変数に関する確率分布関数が得られることをいっています．

式 (2.1) は，3個以上の確率変数がある場合にも一般化されます．すなわち，確率変数 $X_1, \ldots, X_N, Y_1, \ldots, Y_M$ があるとき，

$$\sum_{y_1} \cdots \sum_{y_M} P(X_1=x_1, \ldots, X_N=x_N, Y_1=y_1, \ldots, Y_M=y_M)$$
$$= P(X_1=x_1, \ldots, X_N=x_N)$$

が成立します．

2.2 確率変数の独立性

経験的にいって，2つのサイコロを投げたとき，その目は互いに「無関係」にばらつきます．これを数学的に定式化したものが確率変数の独立性の概念です．

まず，2つの確率変数に対する独立性は以下のように定義されます．

定義 2.4（確率変数の独立性）

確率変数 $X_1 : \Omega \to \mathbb{Z}, X_2 : \Omega \to \mathbb{Z}$ が任意の $B_1, B_2 \subset \mathbb{Z}$ に対して，

$$P(X_1 \in B_1, X_2 \in B_2) = P(X_1 \in B_1)P(X_2 \in B_2) \quad (2.2)$$

を満たすとき，X_1, X_2 は独立 (**independent**) であるといい，以下のように表記する[*6]．

$$X_1 \perp\!\!\!\perp X_2$$

先ほどの例に引き続き，均等でないサイコロの例で説明してみましょう．2つの確率変数 $X_i : \Omega \to \{1, 2, 3, 4, 5, 6\}$ $(i = 1, 2)$ の値がそれぞれのサイコロの目に相当します．これらが独立であれば，

$$P(\text{サイコロ1の目が1 かつ サイコロ2の目が5})$$
$$= P(\text{サイコロ1の目が1})P(\text{サイコロ2の目が5})$$

が成り立ちます．

確率変数が独立であるという関係は，N 個の確率変数についても拡張されます．確率変数 $X_i (i = 1, \ldots, N)$ が独立であるとは，

$$P(X_1 = x_1, \ldots, X_N = x_N) = P(X_1 = x_N) \cdots P(X_N = x_N) \quad (2.3)$$

が任意の $x_1, \ldots, x_N$ に関して成立することをいいます．

式 (2.3) に周辺化を行うことによって，$\{X_i\}$ が独立であれば，ペア $X_i, X_j (i \neq j)$ に関しても独立であることが確認できます．しかし逆にすべてのペア $X_i, X_j (i \neq j)$ に関して独立でも，N 変数に関する独立性は導けないことに注意してください（ノート 2.1 参照）[*7]．

[*6] この定義は，任意の $x_1, x_2 \in \mathbb{Z}$ に対して $P(X_1 = x_1, X_2 = x_2) = P(X_1 = x_1)P(X_2 = x_2)$ が成り立つことと同値です．

[*7] このように，2項関係から N 項関係が導かれないことは数学ではよくあります．たとえばベクトルの1次独立性を考えてみましょう．

> 3つの確率変数 $X_i : \Omega \to \{-1, 1\}$ を考え,それぞれの確率質量関数を P_i とします.3変数の同時確率密度関数を $P(x_1, x_2, x_3) = P_1(x_1)P_2(x_2)P_3(x_3) + \epsilon x_1 x_2 x_3$ で与えます.十分小さい ϵ をとれば,右辺は常に正になります.
>
> このとき,$\{X_1, X_2, X_3\}$ は独立ではありません.しかし,ペア $X_i, X_j (i \neq j)$ に関しては独立です.

ノート 2.1 互いに独立だが,3つで独立でない確率変数の例

2.3 条件付き確率

前節では,確率変数の独立性について説明しました.しかし一般に,確率変数同士は何らかの関係性をもっています.ある種の依存関係は条件付き確率の概念で捉えることができます.

2.3.1 条件付き確率の定義

確率空間 $(\Omega, \mathcal{F}, P)$ とその上の確率変数 X があるとします.今,「確率変数 X の値が B の中に入っている」という条件付けを考えましょう.これはすなわち,Ω の部分集合

$$X^{-1}(B) = \{\omega \in \Omega | X(\omega) \in B\}$$

の確率を 1 に規格化し直し,それ以外の確率をすべて 0 にすることに相当します.式で書くと,**条件付き確率 (conditional probability)** Q_B の定義は,

$$Q_B(A) = \frac{P(\{\omega \in \Omega | \omega \in A, X(\omega) \in B\})}{P(X \in B)} \text{ for all } A \in \mathcal{F} \quad (2.4)$$

で与えられます[*8].分母は $A = X^{-1}(B)$ のときに確率が 1 になるための規格化です.この $(\Omega, \mathcal{F}, Q_B)$ は確率を定めており,Q_B は $P(\cdot | X \in B)$ などと表記されます.

X, Y が離散的な確率変数の場合,$Y = y$ という事象が観測されたもとで

[*8] ここでは,$P(X \in B) \neq 0$ を仮定しています.0 になる場合は,条件付き確率は定義されません.

の $X = x$ の確率は

$$P(X = x | Y = y) = \frac{P(X = x, Y = y)}{P(Y = y)}$$

という式で与えられることになります.

簡単な例で具体的に考えてみましょう. サイコロを 1 つ投げます. X がサイコロ目の値, Y がサイコロの目の値の偶数奇数とします. 上記の定義式を当てはめると, $x = 2, 4, 6$ で $P(x | Y = 偶数) = 1/3$ となり, $x = 1, 3, 5$ で $P(x | Y = 偶数) = 0$ となります. より複雑な例については今後みていきましょう.

図 2.2 A_1, A_3, A_5 は $Y = 偶数$ という条件付けのもとではありえない事象なので捨てられる.

2.3.2 独立性と条件付き確率

直感的にいって, X と Y が独立であれば, Y を観測することによって, X の確率分布は影響を受けないと考えられます. 以下の定理に示されるとおり, これは実際に正しいことが確認できます.

定理 2.1（独立性と条件付き確率）

確率変数 X, Y に関して以下は同値である.

1. 確率変数 X, Y は独立
2. $P(Y) = P(Y | X \in B)$ が任意の B で成立

証明.

まず，X と Y が独立であるとき，条件付き確率の定義式 (2.4) は，

$$P(Y \in B_2 | X \in B_1) = \frac{P(X \in B_1 \text{ かつ } Y \in B_2)}{P(X \in B_1)} = P(Y \in B_2)$$

が成立する．逆に 2. が成立するときは，式 (2.4) から式 (2.2) が導かれる． □

この定理は，条件付けによって確率分布が変わる度合いが，2つの確率変数の関連性の強さを表していることを示唆しています．相互情報量はその定量指標の1つです [31]．

2.4 条件付き独立性

グラフィカルモデルでは条件付き独立性の概念が非常に重要になります．

2.4.1 条件付き独立性の定義

> **定義 2.5（条件付き独立）**
>
> 確率変数 X, Y, Z について，X, Y が Z の元で**条件付き独立 (conditionally independent)** であるとは，
>
> $$P(X, Y | Z) = P(X | Z) P(Y | Z) \qquad (2.5)$$
>
> が成立することをいう．このとき，$X \perp\!\!\!\perp Y \mid Z$ と書く[*9]．

式 (2.5) は，Z の値が観測されているという条件のもとでは，X と Y が独立であることをいっています．すなわち Y について知りたいとき，Z の値がわかればヒントとして十分で，X の値を知ることは不要であることを意味します．

[*9] 正確に書くと，任意の B_1, B_2, B_3 に対して $P(X \in B_1, Y \in B_2 | Z \in B_3) = P(X \in B_1 | Z \in B_3) P(Y \in B_2 | Z \in B_3)$ という条件になります．くどいので略記しています．

2.4.2 条件付き独立性の性質

この条件付き独立性は，以下のような同値な条件にいい換えることができます[*10]．

1. $P(X|Y,Z) = P(X|Z)$
2. $P(Y|X,Z) = P(Y|Z)$
3. $P(X,Y,Z) = \phi_1(X,Z)\phi_2(Y,Z)$ が，ある関数 ϕ_1, ϕ_2 に関して成立する

まず，1番目の条件が $X \perp\!\!\!\perp Y \mid Z$ と同値であることは，

$$\frac{P(X,Y|Z)}{P(Y|Z)} = \frac{P(X,Y,Z)}{P(Z)}\frac{P(Z)}{P(Y,Z)} = P(X|Y,Z)$$

より明らかです．2番目の条件との同値性についても同様です．3番目の条件に関しては，そのような関数 ϕ_1, ϕ_2 が存在するとき，

$$P(X|Y,Z) = \frac{\phi_1(X,Z)}{\sum_X \phi_1(X,Z)} = P(X|Z)$$

が成立することから確認できます．この条件は条件付き独立性の確認に便利なので覚えておくとよいでしょう．

条件付き独立性に関しては，ほかにも分離律，縮約律といったさまざまな数学的性質が知られています．詳しくは付録を参照してください．

2.4.3 条件付き独立な確率変数の例

もう少し具体的な例で考えてみましょう．手元に M 枚の歪(いびつ)なコインがあるとして[*11]，z 番目のコインを投げたときに表が出る確率を p_z とおきます（$z = 1, 2, \ldots, M$）．確率変数 Z をコイン1枚を無作為に選ぶ操作とます．こうして選んだコインを2回投げます．確率変数 X はそのコインを1回目に投げたときに裏か表かを表し，Y はそのコインを2回目に投げたときに裏か表かを表します．

$Z = z$ が固定されていれば，X の結果が何であれ，Y が表である確率は p_z です．よって，$X \perp\!\!\!\perp Y \mid Z$ といえます．

しかしこのとき，X, Y は独立ではありません．なぜなら X が表のとき，

[*10] それぞれの直感的な意味について考えてみましょう．
[*11] コインが歪であるとは，投げたときに表が出る確率と裏が出る確率が異なることを意味しています．

選んだコインが表が出やすいものである可能性が高まり，Y も表である可能性が高まるからです．その確率を式で書くと，条件付き独立性の性質を用いて，

$$P(Y=表\,|X=表) = \sum_z P(Y=表\,|Z=z)P(Z=z|X=表)$$
$$= \sum_z p_z \frac{p_z}{\sum_{z'} p_{z'}}$$

となります．一方，$P(Y=表) = \sum_z p_z/M$ であるので，シュワルツの不等式[*12] より，$P(Y=表\,|X=表) \geq P(Y=表)$ が確認できます．

2.4.4 独立性と条件付き独立性の違い

一般に，$X \perp\!\!\!\perp Y \mid Z$ であることは $X \perp\!\!\!\perp Y$ であることの必要条件でも十分条件でもありません．

条件付き独立性から独立性が導かれないことは，先ほど歪なコインの例で説明しました．強く関係している X,Y が，Z の値で「層別」することで，その残りの変動が無関係になったのでした．

逆に，独立な確率変数 X,Y が与えられたときに $Z=X+Y$ と定めると，Z のもとで X,Y は条件付き独立ではありません．なぜなら $Z=z$ のとき，X の値から Y の値が計算できてしまうからです．

ただし，Z が定数のとき，すなわち Z が常に特定の値しかとらない場合には $X \perp\!\!\!\perp Y \mid Z$ と $X \perp\!\!\!\perp Y$ は同値になります．

2.5 連続的な確率変数の取り扱い

最後に，確率変数の値が，"連続的な集合" $\mathbb{R}^k$ に値を取る場合について補足しておきます．

[*12] シュワルツの不等式とは，ベクトル $a=(a_i), b=(b_i)$ に対して $(\sum_i a_i b_i)^2 \leq \sum_i a_i^2 \sum_i b_i^2$ が成り立つという不等式です．ここでは，$a_i = p_i, b_i = 1$ として使っています．

> **定義 2.6（連続的な確率変数）**
>
> 写像 $X : \Omega \to \mathbb{R}^k$ が**確率変数**であるとは，任意の閉区間の直積 $I = \prod_j [a_j, b_j] \subset \mathbb{R}^k$ に対して逆像 $X^{-1}(I)$ が可測集合であることをいう．

2.5.1 確率密度関数

$X : \Omega \to \mathbb{R}^k$ のような「連続型」の確率変数では，$P(X = x) = 0$，すなわち特定の値 x をとる確率が 0 になってしまうことがよくあります．このため X が特定の値をとる確率ではなく，特定の値の範囲に入る確率を考える必要があります．

これには，**確率密度関数 (probability density function)** を用います．確率変数 $X : \Omega \to \mathbb{R}^k$ の確率密度関数とは，非負関数 $p_X : \mathbb{R}^k \to \mathbb{R}_{\geq 0}$ で，

$$P(\{\omega \in \Omega | X(\omega) \in B\}) = \int_{x \in B} p_X(x) \mathrm{d}x \tag{2.6}$$

を満たすもののことです．

式 (2.6) の左辺は $P(X^{-1}(B))$ や $P(X \in B)$ とも書かれます．また，$p_X(x)$ は $p(X = x)$ などとも書かれます．定義から明らかに，

$$\int_{\mathbb{R}^k} p_X(x) \mathrm{d}x = 1$$

が成立します．

連続型の確率分布の例としては正規分布やラプラス分布などがよく知られています[31]．

X_1, X_2 が独立な確率変数の場合，確率密度関数に関して

$$p_{X_1, X_2}(x_1, x_2) = p_{X_1}(x_1) p_{X_2}(x_2)$$

が成立します．

2.5.2 条件付き確率密度関数

確率変数 X が連続的である場合,$B = \{\omega | X(\omega) = x\}$ の確率は通常 0 なので,$X = x$ という条件のもとでの条件付き確率を直接考えることはできません.しかし代わりに,条件付き確率密度関数を考えることができます.

連続的な確率変数 X_1, X_2 に対して,条件付き確率密度関数 $p_{X_1|X_2}$ は

$$p_{X_1|X_2}(x_1|x_2) := \frac{p_{X_1,X_2}(x_1,x_2)}{p_{X_2}(x_2)}$$

によって定義されます.これは,$p(X_1 = x_1 | X_2 = x_2)$ と書かれることもあります.

定義より,任意の関数 $f(x_1, x_2)$ に対して,

$$\int \left(\int f(x_1, x_2) p_{X_1|X_2}(x_1|x_2) \mathrm{d}x_1 \right) p_{X_2}(x_2) \mathrm{d}x_2$$
$$= \int \int f(x_1, x_2) p_{X_1,X_2}(x_1, x_2) \mathrm{d}x_1 \mathrm{d}x_2$$

が成立します.

Chapter 3

ベイジアンネットワーク

> 本章では，ベイジアンネットワークと呼ばれるクラスのグラフィカルモデルについて解説します．確率変数の依存関係に向きがあるのが特徴です．因果関係やデータの生成過程をモデル化するのによく用いられます．階層的なベイズモデルもベイジアンネットワークを使って表現することができます．本章の後半では，ベイジアンネットワークがある種の条件付き独立性によって特徴付けられることを解説します．

3.1 有向グラフの用語

　ベイジアンネットワークの定義に入る前にまず，有向グラフに関する基本的な定義を確認しておきましょう．**有向グラフ** (**directed graph**) とは，有限集合 V とその直積集合の部分集合 $\vec{E} \subset V \times V$ の組 $(V, \vec{E})$ のことです．このとき，V は頂点 (**vertex**) 集合，$\vec{E}$ は有向辺 (**directed edge**) 集合と呼ばれます．$(u,v) \in \vec{E}$ は，頂点 u から v への有向辺を表します．特に (v,v) という形の「ループ辺」をもたないとき，単純な有向グラフといいます．本書では常に有向グラフは単純であると仮定します．

　頂点の部分集合 $V_0 \subset V$ に対して，両端が V_0 につながっている有向辺のみを取り出した辺集合 $\vec{E_0} = \{(u,v) \in E | u, v \in V_0\}$ を考えることができます．このグラフ $(V_0, \vec{E_0})$ を V_0 の**誘導する部分グラフ** (**induced subgraph**) と呼びます．本書では，**部分グラフ** (**subgraph**) といえば，このように頂点集

合から誘導されるものを指すことにします.

有向グラフの**路** (**walk**) とは,頂点の列 $(v_0, v_1, \ldots, v_L)$ であって $(v_i, v_{i+1}) \in \vec{E}$ を満たすものです.特に $v_0 = v_L$ が成立するとき,**閉路** (**closed walk**) と呼ばれます.閉路をもたない有向グラフは**有向非巡回グラフ** (**directed acyclic graph, DAG**) と呼ばれます.要するに,ある頂点から出発して有向辺をたどっていって,その頂点に戻って来られないのが有向非巡回グラフです.後述するとおり,ベイジアンネットワークは,有向非巡回グラフによって表現されます.図 3.1 に有向非巡回グラフの例を挙げておきます.

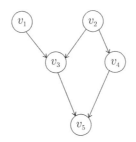

図 3.1　有向非巡回グラフの例

頂点 v に対して有向辺を伸ばしている頂点は,v の**親** (**parent**) と呼ばれます.逆に v から有向辺が伸びている先の頂点は v の**子** (**child**) と呼ばれます.式で書くとそれぞれこのようになります.

$$\mathrm{pa}(v) := \{u \in V | (u, v) \in \vec{E}\}$$
$$\mathrm{ch}(v) := \{u \in V | (v, u) \in \vec{E}\}$$

たとえば,図 3.1 では $\mathrm{pa}(v_3) = \{v_1, v_2\}$, $\mathrm{ch}(v_3) = \{v_5\}$ となります.

有向非巡回グラフの頂点の中で,特に親をもたないものを**始頂点** (**source**),子をもたないものを**終頂点** (**sink**) と呼びます.たとえば,図 3.1 では,v_1, v_2 が始頂点で,v_5 が終頂点になります.

有向非巡回グラフ $(V, \vec{E})$ の頂点 v に対して,その**子孫** (**descendant**)

とは，v からの路が存在する頂点の集合です．ただし，v 自身は含みません．これを $\mathrm{des}(v)$ と書くことにします．また，$V \setminus (\{v\} \cup \mathrm{des}(v))$ を非子孫 (**non-descendant**) といい，$\mathrm{ndes}(v)$ と書きます．たとえば，図 3.1 では $\mathrm{ndes}(v_3) = \{v_1, v_2, v_4\}$ です．

3.2 有向非巡回グラフの特徴付け

上述のように，有向非巡回グラフとは，閉路をもたない有向グラフとして定義されていました．ほかの方法でも有向非巡回グラフが特徴付けられることを確認しましょう．

有向グラフの**トポロジカルソート** (**topological sort**) とは，頂点集合 V から $\{1, 2, \ldots, |V|\}$ への全単射 n で，

$$(v_0, v_1) \in \vec{E} \Rightarrow n(v_0) < n(v_1)$$

が成立するもののことをいいます．これは，親に比べて子の頂点に大きな数字を割り当てる番号付けといえます．

> **定理 3.1** (有向非巡回グラフの特徴付け)
>
> 有向グラフ $(V, \vec{E})$ において以下は同値である．
>
> 1. 閉路をもたない
> 2. 任意の部分グラフに終頂点が存在する
> 3. 任意の部分グラフに始頂点が存在する
> 4. トポロジカルソートが存在する

1., 2., 4. の同値性についての証明の概略を説明します．3. に関してもまったく同様です．

証明．

1. $\Rightarrow$ 2.：有向グラフが閉路をもたなければ，任意の部分グラフも閉路をもたない．終頂点が存在しないとすると，常に有向辺に沿って子に移動する路を作ることができる．しかし，頂点の有限性からどこかで同じ頂点を通るこ

とになり，閉路が存在しないことに矛盾する．

2. ⇒ 4.：グラフの頂点の個数に関する帰納法を用いる．頂点 v_0 が終頂点であるとする．これを取り除いた頂点集合を V_0 とする．帰納法の仮定より V_0 にはトポロジカルソート n が存在する．これを $n(v_0) = |V|$ と拡張すればよい．

4. ⇒ 1.：トポロジカルソート n が存在するとき，路を移動すると n の値が必ず大きくなる．よって閉路は存在しない． □

この証明にあるように，始頂点（または終頂点）から順番に頂点をとっていく方法で，トポロジカルソートを求めるアルゴリズムが構築できます．これはカーン (Kahn) のアルゴリズムとして知られています．計算時間のオーダーは $O(|V| + |\vec{E}|)$ です．

3.3　ベイジアンネットワークの定義

この節では，ベイジアンネットワークの数学的な定義を導入します．有向非巡回グラフの頂点が確率変数に対応し，有向辺が確率的な因果関係を記述します．非巡回であるということは，ある確率変数がほかの確率変数に与えた影響が，巡り巡って自分のところに帰って来るような影響を考えなくてよいことを意味しています．

> **定義 3.1（ベイジアンネットワーク）**
>
> 有向非巡回グラフ $G = (V, \vec{E})$ が与えられているとする．確率変数の有限集合 $X = \{X_i\}_{i \in V}$ が，任意の $i \in V$ で
>
> $$X_i \perp\!\!\!\perp X_{\mathrm{ndes}(i)} \mid X_{\mathrm{pa}(i)} \tag{3.1}$$
>
> を満たすとき，グラフ構造 G をもつベイジアンネットワーク (**Bayesian network**) であるという．
>
> ただしここで，$V_0 \subset V$ に対して，$X_{V_0} = \{X_i\}_{i \in V_0}$ と表記している．

条件付き独立性の一般的性質より，式 (3.1) は

$$X_i \perp\!\!\!\perp X_{\mathrm{ndes}(i)\backslash\mathrm{pa}(i)} \mid X_{\mathrm{pa}(i)}$$

と書いても同値であることがわかります[*1].

この条件式は，X_i の値が $X_{\mathrm{pa}(i)}$ の値から確率的に決まることをいっています．この意味は，次節の因子分解の式でより明らかになります．

3.4 ベイジアンネットワークの因子分解

3.4.1 因子分解定理

定理 3.2（ベイジアンネットワークの因子分解）

有向非巡回グラフ $G = (V, \vec{E})$ 上の確率変数族 $X = \{X_i\}_{i \in V}$ がベイジアンネットワークであることは，その確率分布関数 P が以下のように積に分かれることと同値である．

$$P(X) = \prod_{i \in V} P(X_i | X_{\mathrm{pa}(i)}) \tag{3.2}$$

証明．

まず，$X = \{X_i\}_{i \in V}$ がベイジアンネットワークを定めているとする．有向非巡回グラフ $G = (V, \vec{E})$ のトポロジカルソート n に対して，$L(i) = \{j | n(j) < n(i)\}$ とおくと，条件付き確率の定義より

$$P(X) = \prod_{i \in V} P(X_i | X_{L(i)})$$

が成立する．$L(i) \subset \mathrm{ndes}(i)$ とベイジアンネットワークの定義の条件式 (3.1) より $P(X_i | X_{L(i)}) = P(X_i | X_{\mathrm{pa}(i)})$ となる．

逆に，式 (3.2) が成立するとすると，$X_{\mathrm{des}(i)}$ を周辺化することによって，

$$P(X_i, X_{\mathrm{ndes}(i)}) = P(X_i | X_{\mathrm{pa}(i)}) \prod_{j \in \mathrm{ndes}(i)} P(X_j | X_{\mathrm{pa}(j)})$$

となる．これにより式 (3.1) が成立することがわかる． □

[*1] 付録 A にある，分離律，縮約律から容易に示せます．

この定理からも明らかなように，有向非巡回グラフには常に辺を追加できます．すなわち，G' が G に辺を追加して得られる有向非巡回グラフとすると，グラフ G 上のベイジアンネットワークは，G' 上のベイジアンネットワークでもあります．よって，可能な限り小さなグラフに意味があります[*2]．

3.4.2 ベイジアンネットワークの構成

ベイジアンネットワークの定義の式 (3.1) や (3.2) は，数学的に明快であるものの，それを満たしているかが確認しづらいものになっています．式 (3.2) における P というのは全体的な確率で，その条件付き確率がどうなっているのかが自明ではないからです．

しかし，以下の定理から，局所的な条件付き確率のテーブルを掛け算すると，ベイジアンネットワークが得られることがわかります．

補題 3.3（ベイジアンネットワークの構成）

有向非巡回グラフの各頂点 $i \in V$ に対して非負値関数 q_i が与えられ，

$$\sum_{X_i} q_i(X_i, X_{\mathrm{pa}(i)}) = 1$$

が任意の $X_{\mathrm{pa}(i)}$ の値に対して満たされているとする．このとき，

$$P(X) := \prod_{i \in V} q_i(X_i, X_{\mathrm{pa}(i)}) \tag{3.3}$$

は確率を定め，

$$P(X_i | X_{\mu\mathrm{a}(i)}) = q_i(X_i, X_{\mathrm{pa}(i)}) \tag{3.4}$$

を満たす．

証明．

これは有向非巡回グラフの頂点の個数に関する帰納法で示すことができる．頂点 N を終頂点とする．

[*2] 確率変数族 $X = \{X_i\}_{i \in V}$ が有向非巡回グラフ G 上のベイジアンネットワークであるとき，G を **I-map (independent map)** であるといいます．

式 (3.3) が確率分布関数を定めていることは，帰納法の仮定より，

$$\sum_X \prod_i q_i(X_i, X_{\mathrm{pa}(i)}) = \sum_{X_N} q_N(X_N, X_{\mathrm{pa}(N)}) \sum_{X \setminus N} \prod_{i \neq N} q_i(X_i, X_{\mathrm{pa}(i)}) = 1$$

となるので示される．

次に式 (3.4) を示す．$U = V \setminus (\{N\} \cup \mathrm{pa}(N))$ とおく．頂点 N が終頂点であることと，式 (3.3) より関数 ϕ が存在して

$$P(X) = \phi(X_U, X_{\mathrm{pa}(N)}) q_N(X_N, X_{\mathrm{pa}(N)})$$

と書けることがわかる．よって，X_N と X_U は $X_{\mathrm{pa}(N)}$ のもとで条件付き独立であり，以下の等式を得る．

$$P(X_N | X_{\mathrm{pa}(N)}) P(X_{\mathrm{pa}(N)}, X_U) = \prod_i q_i(X_i, X_{\mathrm{pa}(i)})$$

辺々 X_N で足し上げると，$P(X_{V \setminus N}) = \prod_{i \neq N} q_i(X_i, X_{\mathrm{pa}(i)})$ と $P(X_N | X_{\mathrm{pa}(N)}) = q_N(X_N, X_{\mathrm{pa}(N)})$ を得る．あとは，帰納法から主張が従う． □

3.5 ベイジアンネットワークの例

3.5.1 自明なベイジアンネットワークとマルコフ過程

確率変数族 $X = \{X_1, X_2, \ldots, X_N\}$ が与えられたとき，この確率分布関数 P は常に

$$P(X_1, X_2, \ldots, X_N) = \prod_{j=1}^{N} P(X_j | X_{j-1}, \ldots, X_1)$$

のように書き直すことができます．これは条件付き確率の定義から簡単に確認できます．このときの有向非巡回グラフは，図 3.2 左のようになります．

ベイジアンネットワークで興味深いのは，辺の少ない有向非巡回グラフの構造をもつ場合です．たとえば，マルコフ過程は直鎖上の有向非巡回グラフ構造をもちます．確率変数族 $X = \{X_1, X_2, \ldots X_N\}$ が**マルコフ過程** (**Markov process**) であるとは，任意の $t = 1, \ldots, N-1$ で

$$X_{t+1} \perp\!\!\!\perp (X_1, \ldots, X_{t-1}) | X_t$$

が成立することをいいます．この有向非巡回グラフは，図3.2の右のようになります．

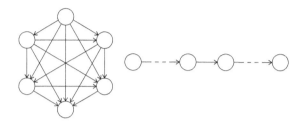

図 3.2 左: すべての頂点が辺でつながっている 右: マルコフ過程

3.5.2　3変数からなるベイジアンネットワーク

例として，3変数からなるベイジアンネットワークを考えましょう．有向非巡回グラフの形は図3.3の3種類に分類することができます[*3]．順に，head to tail, tail to tail, head to head などと呼ばれます．

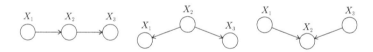

図 3.3 head to tail, tail to tail, head to head

まず，head to tail のベイジアンネットワークでは，式(3.2)は

$$P(X_1, X_2, X_3) = P(X_3|X_2)P(X_2|X_1)P(X_1)$$

となります．ここから，$X_1 \perp\!\!\!\perp X_3 | X_2$ が成立することがわかります．これは，頂点2に関する式(3.1)に相当します．

同様に，tail to tail のベイジアンネットワークでも

$$P(X_1, X_2, X_3) = P(X_1|X_2)P(X_3|X_2)P(X_2)$$

[*3] ベイジアンネットワークとして自明な場合と，グラフが非連結になる場合を除きます．

より，$X_1 \perp\!\!\!\perp X_3 | X_2$ が成立することがわかります[*4]．

しかし，head to head のベイジアンネットワークでは，

$$P(X_1, X_2, X_3) = P(X_2|X_1, X_3)P(X_1)P(X_3)$$

となり，X_1, X_3 に依存する部分が積に分かれません．よって一般には条件付き独立性は成立しません[*5]．しかし，X_2 に関して周辺化すると，$X_1 \perp\!\!\!\perp X_3$ となることがわかります．これは，頂点 1 または 3 に関する式 (3.1) に相当します．

3.6 グラフと条件付き独立性

前節でみたように，ベイジアンネットワーク上の確率変数はある種の条件付き独立性を満たすものでした．実は確率変数の間には，ほかにもさまざまな条件付き独立性が潜んでいます．

たとえば，図 3.1 の有向非巡回グラフを考えましょう．X_3, X_5 に関して周辺化すると，$X_1 \perp\!\!\!\perp X_2 | X_4$ を示すことができます．これは，式 (3.1) には当てはまりません．これ以外にも条件付き独立の関係性はあるのでしょうか．

以下では，ベイジアンネットワークのもつ条件付き独立性がグラフ理論的な観点から捉えられることをみていきます．そのためにはいくつかのグラフ理論的な概念を用意する必要があります．

3.6.1 グラフ理論的準備

まず，基本的な用語を準備しておきます．有向非巡回グラフにおいて**無向路 (trail)** とは，頂点の列 $\{u_i\}$ であって，$u_i \to u_{i+1}$ または $u_i \leftarrow u_{i+1}$ が成り立つもののことをいいます．特にその途中に，$u_{i-1} \to u_i \leftarrow u_{i+1}$ のような構造 (head-to-head) があるとき，u_i は **V 構造 (V-structure)** と呼ばれます．

たとえば図 3.1 において，頂点の列 (v_1, v_3, v_2) は無向路であり，v_3 は V 構造になっています．

[*4] 実のところ，この 2 つの有向非巡回グラフ構造をもつベイジアンネットワークはまったく同じです
[*5] 偶然 $P(X_2|X_1, X_3) = \phi(X_1, X_2)\phi'(X_3, X_2)$ となることはありえますが，これは一般には成立しません．

> **定義 3.2（アクティブな無向路）**
>
> 有向非巡回グラフを考える．頂点 u と v を結ぶ無向路が，頂点集合 W のもとで**アクティブ (active)** であるとは，無向路 $(u_1, u_2, \ldots, u_L)$ 上のすべての頂点 u_i に関して以下（のどちらか）を満たすこと
>
> 1. u_i が V 構造であるとき，$(u_i \cup \mathrm{des}(u_i)) \cap W \neq \emptyset$
> 2. u_i が V 構造でないとき，$u_i \notin W$

これは一見非常にややこしい定義にみえると思います．感覚的にいうと，頂点集合 W のもとで条件付けたときに，u と v に「つながりが生きている」ことをいっています．もし，無向路上に条件 1. または 2. を満たす頂点があるとするとそこでつながりが切れてしまうことになり，アクティブではなくなります．

特に W が空集合のとき，u と v を結ぶ無向路がアクティブであることは，無向路上に V 構造をもたないことと同値になります．

図 3.4 は，頂点 u_1 と u_6 を結ぶ無向路がアクティブでなくなる状況を図示しています．1 つ目は，V 構造の頂点 u_i とその子孫の中に W の頂点が含まれていない状況です．2 つ目は，頂点 u_i が V 構造でなくて，W に含まれている状況です．

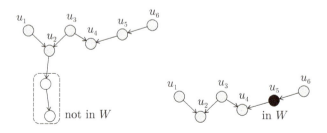

図 3.4　アクティブでなくなる状況

アクティブな無向路の概念を用いて d 分離が定義されます．アクティブな無向路によるつながりをもたないという意味で分離していることを d 分離といいます[*6]．

> **定義 3.3（d 分離）**
>
> 　有向非巡回グラフと互いに素な頂点集合 U, W, S を考える．U, W が 頂点集合 S のもとで **d 分離 (d-separation)** であるとは，任意の頂点 $u \in U, w \in W$ に対し，それらを結ぶような「頂点集合 S のもとでアクティブな無向路」をもたないことをいう．

3.6.2　条件付き独立性と d 分離

> **定理 3.4（d 分離の導く条件付き独立性）**
>
> 　有向非巡回グラフの頂点集合 U, T, W が互いに素であるとする．U, T が W のもとで d 分離されているならば，確率変数 X_U, X_T が 確率変数集合 X_W のもとで条件付き独立である．すなわち，
>
> $$X_U \perp\!\!\!\perp X_T | X_W$$
>
> である．

証明．
　まず，頂点集合 U, T, W に含まれないものは終頂点の方から可能な限り周辺化しておく．残った頂点を V' とおく．

　仮定より，$u \in U$ と $t \in T$ を結ぶ任意の無向路が W のもとでアクティブではない．よって，無向路上に頂点 r が存在して，以下の (i) または (ii) が成立する：

(i) r は V 構造であり，$(r \cup \mathrm{des}(r)) \cap W = \emptyset$

(ii) r は V 構造ではなく，$r \in W$ が成立する

[*6] d 分離の d は directed の頭文字に由来します．

(i) の場合, $(r \cup \mathrm{des}(r)) \cap (U \cup T) \neq \emptyset$ のはずである. なぜなら, もし $(r \cup \mathrm{des}(r)) \cap (U \cup T \cup W) = \emptyset$ とすると, 最初に可能な限り周辺化を行ったことに矛盾する. 仮に $u' \in (r \cup \mathrm{des}(r)) \cap U$ がとれたとすると, u' と t を結ぶ無向路も W のもとでアクティブではないはずである. 頂点 r から u' まではV構造ではなく, W の元も存在しないことに注意すると, r から t までの頂点 $r'(\neq r)$ で (i) または (ii) が成立する.

この議論を繰り返すと結局, <u>$u \in U$ と $t \in T$ を結ぶ任意の無向路上で (ii) を満たす $r \in W$ が存在する</u>ことがわかる. 例として図 3.5 では, r' でも (i) が成立し, $t' \in (r \cup \mathrm{des}(r)) \cap T$ がとれたケースを図示している. このとき, u' と t' を結ぶ無向路も W のもとでアクティブではないことを用いると, r と r' の頂点 $r''(\neq r, r')$ で (i) または (ii) が成立するがわかる. r'' はV構造ではないことから, $r'' \in W$ がわかる.

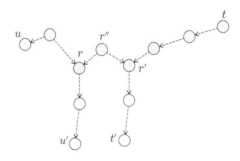

図 3.5 u, t を結ぶ無向路と, $r'' \in W$ の例

以下の証明のために記号を準備する. U から, すべての頂点上で (ii) を満たさないような無向路 で到達できる頂点を $\tilde{U}$, T から, すべての頂点上で (ii) を満たさないような無向路 で到達できる頂点を $\tilde{T}$ とおく. これらは W と互いに素であると定義する. 前半で証明した結果を用いると, $u \in \tilde{U}$ と $t \in \tilde{T}$ を結ぶ任意の無向路上で (ii) を満たす頂点が存在することがわかる.

ベイジアンネットワークの条件付き確率の関数を考える. 上記の議論より, $\tilde{U}$ と $\tilde{T}$ の元を同時に含むものは存在しない. さらに, $S = V \setminus (\tilde{U} \cup \tilde{T} \cup W)$ とおくと $\tilde{U}$ と S の元を同時に含むものは存在しない. $\tilde{T}$ についても同様で

ある．よって，
$$P(X_{\tilde{U}}, X_{\tilde{T}}, X_W, X_S) = \phi_1(X_{\tilde{U}}, X_W)\phi_2(X_{\tilde{T}}, X_W)\phi_3(X_S, X_W)$$
のように積に分かれ，主張が成立する． □

以上により，d分離のからベイジアンネットワークの条件付き独立性を得ることができるようになりました．しかし，これ以外の条件付き独立性はないのでしょうか．

まず，$P(X_i|X_{\mathrm{pa}(i)})$ が特別な性質をもつ場合は，ほかにも条件付き独立性が成り立ちます．たとえば，$P(X_i|X_{\mathrm{pa}(i)}) = P(X_i)$ の場合は，任意の条件付き独立性が自明に成り立ちます．このような自明な場合を除き，「一般的に成り立つ」条件付き独立性はこれで尽きていることが知られています (証明は省略．文献 [10], [36] などを参照してください)．

定理 3.5（ベイジアンネットワークの **d 分離**による特徴付け）

有向非巡回グラフ G の，互いに素な頂点集合 U, T, W について以下は同値である．

1. U, T が W の元で d 分離されている
2. 有向非巡回グラフ構造が G である任意のベイジアンネットワークで $X_U \perp\!\!\!\perp X_T | X_W$ が成立

Chapter 4

マルコフ確率場

本章では，条件付き独立性の関係に基づいてグラフの頂点を辺で結ぶマルコフ確率場について解説します．有向グラフによって表現されたベイジアンネットワークとは対照的に，マルコフ確率場は無向グラフによって表現されます．

確率的な依存関係というのは，因果関係のように方向性があると理解されるものとは限りません．相互的な依存関係というものもありえます[*1]．このような確率構造はマルコフ確率場によって，記述することができます．

4.1 無向グラフの用語

本章で取り扱うマルコフ確率場は，無向グラフによって表現されます．そこで，まず無向グラフの定義と用語を確認しておきましょう．

無向グラフ (undirected graph) とは，有限集合 V を頂点集合とし，それらを向きのない辺で結んだものです．辺集合を E と書き，頂点 u と v を結ぶ辺を $uv \in E$ と書きます．辺に向きはないので，uv と vu は同じ辺を表します．

無向グラフの**路** (walk) とは，頂点の列 $(v_0, v_1, \ldots, v_L)$ であって，$(v_i, v_{i+1}) \in E$ を満たすものです．頂点集合 V の部分集合 A, B, S について，S が A と B を**分離する**とは，任意の $a \in A, b \in B$ に関して a と b を結

[*1] たとえば，ラーメン屋のカウンター席で，i 番目の座席が埋まっているかを 2 値確率変数 X_i で表すとします．1 番と 3 番の席が埋まっていたら，2 番の席には座りづらいものです．逆に 2 番の席が埋まっているときを考えても，1 番や 3 番の席が埋まる確率が低下します．

ぶ任意の路が S の頂点を通ることをいいます．

頂点 $v \in V$ の **近傍 (neighbour)** とは，

$$N(v) = \{u \in V | uv \in E\}$$

で定義される頂点集合のことです[*2]．また，頂点 $v \in V$ の **閉包 (closure)** は，$\mathrm{cl}(v) = \{v\} \cup N(v)$ で定義されます．

4.2 マルコフ確率場の定義

前章と同様に，グラフ $G = (V, E)$ の各頂点 $v \in V$ に確率変数 X_v が対応付けられているとします．以下の条件付き独立性が成り立つとき**マルコフ確率場 (Markov random field)** であるといいます．

定義 4.1（マルコフ性の 3 つの定義）

グラフ $G = (V, E)$ 上の確率変数族 $(X_v)_{v \in V}$ に関して，次の 3 種類のマルコフ性を定義する[*3]．

(G). **大域マルコフ (global Markov)** であるとは，V の互いに素な部分集合 S, A, B で S が A と B を分離するものについて式 (4.1) が成立すること．

$$X_A \perp\!\!\!\perp X_B | X_S \tag{4.1}$$

(L). **局所マルコフ (local Markov)** であるとは，任意の $v \in V$ に対して式 (4.2) が成立すること．

$$X_v \perp\!\!\!\perp X_{V \setminus \mathrm{cl}(v)} | X_{N(v)} \tag{4.2}$$

(P). **ペアワイズマルコフ (pairwise Markov)** であるとは，任意の $u, v \in V$ で，$uv \notin E$ なるものに対して，式 (4.3) が成立すること．

$$X_v \perp\!\!\!\perp X_u | X_{V \setminus \{v, u\}} \tag{4.3}$$

[*2] 定義 4.1 の性質 (L) に関連して，$N(v)$ は，頂点 v の**マルコフブランケット (Markov blanket)** とも呼ばれます．

[*3] G, L, P はそれぞれ global, local, pairwise の頭文字である．

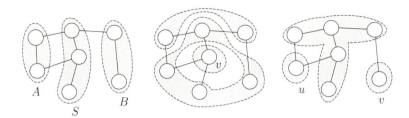

図 4.1 各種マルコフ性条件の模式図

以下の定理は，これらの性質が (弱い条件のもとで) 同値であることを示しています．

> **定理 4.1**（マルコフ性条件の関係 1.）
>
> 1. (G) ⇒ (L) ⇒ (P) が成立する
> 2. 交差律のもとで，(P) ⇒ (G) が成立する

証明．

(G) ⇒ (L): 定義より，$N(a)$ は $\{v\}$ と $V \setminus \mathrm{cl}(v)$ を分離する．

(L) ⇒ (P): $X' = X_v, Y = X_u, W = X_{V \setminus \mathrm{cl}(v) \setminus \{u\}}, Z = X_{N(v)}$ とおく．(L) は，$X' \perp\!\!\!\perp (W, Y) | Z$ なので，弱結合律 (定理 A.1 参照) より，$X' \perp\!\!\!\perp Y | (W, Z)$ が従う．

(P) ⇒ (G): $|S| = n$ に関する帰納法を用いる．(i) まず，$n = |V| - 2$ のとき，$A = \{u\}, B = \{v\}$ となり，(P) が (G) を意味する．(ii) $n \leq |V| - 3$ とする．(ii-1) 特に $S \cup A \cup B = V$ であると仮定する．$|A| \geq 2$ として一般性を失わない．まず，$a \in A$ を 1 つとる．このとき，$S \cup \{a\}$ が $A \setminus \{a\}$ と B を分離し，$S \cup A \setminus \{a\}$ が $\{a\}$ と B を分離する．よって帰納法の仮定と交差律より (G) が従う．(ii-2) 特に $S \cup A \cup B \subsetneq V$ であると仮定する．このとき，$c \in V \setminus (S \cup A \cup B)$ がとれる．$S \cup \{c\}$ が A と B を分離することから，$X_A \perp\!\!\!\perp X_B | X_{S \cup \{c\}}$ が成立する．一方，「$A \cup S$ が $\{c\}$ と B を分離する」 かもしくは，「$B \cup S$ が $\{c\}$ と A を分離する」(なぜなら，両方共成り立たないとすると，S が A と B を分離することに矛盾する)．よって帰納法の仮定

と交差律より (G) が従う. □

定理 A.3 にあるとおり，確率分布関数が正のときは交差律が必ず成り立ちます．よって，確率分布関数が正のときには，この3つの条件 (G), (L), (P) は同値になります．

4.3 マルコフ確率場の因子分解

前節ではマルコフ性を条件付き独立性の観点から議論しました．ベイジアンネットワークの場合と同様に，マルコフ確率場は関数の積への分解によっても特徴付けられます．

グラフ理論の用語を準備します．グラフ $G = (V, E)$ の頂点部分集合 U が**完全部分グラフ**であるとは，U が誘導する部分グラフが完全グラフであることをいいます．すなわち任意の $u, v \in U$ は $uv \in E$ であることを意味します．グラフ $G = (V, E)$ の頂点部分集合 C が**クリーク (clique)** であるとは，C が完全部分グラフであり，完全部分グラフ U で $U \supsetneq C$ となるものが存在しないことをいいます．

定義 4.2（因子分解の性質）

グラフ構造 G をもつ確率変数族が，グラフ G に関して**因子分解 (factorize)** する (F) とは，その確率分布関数 P が以下のように書けることをいう．

$$P(X = x) = \frac{1}{Z} \prod_{C:クリーク} \phi_C(x_C)$$

ただしここで，Z は規格化定数である．

この定義のもとで，次の定理が一般的に成立します．

定理 4.2（マルコフ性条件の関係 2.）

(F) $\Rightarrow$ (G) が成立する．

証明.

$S, A, B \subset V$ を，互いに素で S が A, B を分離するものとする．$\tilde{A}$ を $V \setminus S$ での A を含む連結成分とする．また，$\tilde{B} = V \setminus (\tilde{A} \cup V)$ とする．この構成方法より，$V = \tilde{A} \cup \tilde{B} \cup S$ で，互いに素である．簡単な考察から，任意のクリーク C は $C \subset \tilde{A} \cup S$ または $C \subset \tilde{B} \cup S$ が成立することがわかる．よって，

$$P(x) = \frac{1}{Z} \prod_C \phi(x_C) = \frac{1}{Z} \prod_{C \subset \tilde{A} \cup S} \phi_C(x_C) \prod_{C \subset \tilde{B} \cup S} \phi_C(x_C)$$

これから，$X_{\tilde{A}} \perp\!\!\!\perp X_{\tilde{B}} | X_S$ が成立し，よって，$X_A \perp\!\!\!\perp X_B | X_S$ が導かれる． □

さらに確率分布関数の正値性の条件があると，(G) ⇒ (F) が成立します．

> **定理 4.3（Hammersley-Clliford の定理）**
>
> 確率分布関数について，$P > 0$ が成立するとき，(F) と (P) は同値である．

証明.

(F) ⇒ (P) はすでに示した (この性質は $P > 0$ でなくても成立する)．
(P) ⇒ (F) を示そう．まず，$f(x) = \log P(x)$ とし，$A \subset V$ に対して

$$f_A(x_A) = \frac{1}{N(V \setminus A)} \sum_{x_{V \setminus A}} f(x)$$

と定義する[*4]．ただしここで，$N(B) := \sum_{x_B} 1$ である．さらに，

$$g_A(x) = \sum_{C \subset A} (-1)^{|A \setminus C|} f_C(x)$$

と定義すると，メビウスの反転公式（定理 A.5）より，$f = \sum_{A \subset V} g_A$ が成立する．

よって，A が完全部分グラフでないときに，$g_A = 0$ となることを示せば十

[*4] 確率密度関数で考える場合は，和を積分でおき換える．

分である．まず，A が完全部分グラフでないとすると，$i,j \in A$ で，$ij \notin E$ なる頂点が選べる．これを用いて

$$\begin{aligned} g_A &= \sum_{C \subset A} (-1)^{|A \setminus C|} f_C \\ &= \sum_{D \subset A \setminus \{i,j\}} (-1)^{|A \setminus D|} (f_D - f_{D \cup \{i\}} - f_{D \cup \{j\}} + f_{D \cup \{i,j\}}) \end{aligned} \quad (4.4)$$

と変形することができる．一方，仮定 (P) より，関数 h_1, h_2 が存在して，$f(x) = h_1(x_{V \setminus \{i\}}) + h_2(x_{V \setminus \{j\}})$ が成立する．これを用いると，式 (4.4) の和の中身は，0 になることがわかる． □

本書では，マルコフ確率場は性質 (F) を満たすものとして考えます．

4.4　ベイジアンネットワークとマルコフ確率場

前章では，確率変数族 $X = \{X_v\}_{v \in V}$ が有向非巡回グラフ $(V, \vec{E})$ 上のベイジアンネットワークであるとき，条件付き確率分布関数を用いて因子分解ができることをみました．よって，各頂点 $v \in V$ で，$u, u' \in \mathrm{pa}(v)$ 同士を辺で結び，有向辺を無向辺にしたグラフを考えると，(F) の因子分解ができていることになります．このように，有向非巡回グラフから無向グラフを作る操作は**モラル化 (moralization)** と呼ばれます[*5]．

たとえば，図 4.2 の左のような構造をもつベイジアンネットワークは，右

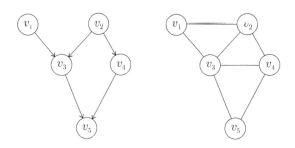

図 4.2　ベイジアンネットワークから作られるマルコフ確率場

[*5] この操作を，親と親を「結婚」させることに見立てて，「モラル化」と名付けられたといわれています．

のような無向グラフ構造をもつマルコフ確率場でもあります．

4.5 例：ガウス型のマルコフ確率場

多次元ガウス型確率変数の確率密度関数は，正定値対称行列 J とベクトル μ を用いて

$$p(x) = \sqrt{\frac{\det J}{(2\pi)^n}} \exp\left(-\frac{1}{2}(x-\mu)^T J(x-\mu)\right)$$

によって定義されます．この確率密度関数の特徴としては，指数関数の肩に x の 3 次式を含まないことです．

このとき，$i, j \in V$ に対して，

$$p(x_i, x_j | x_{V \setminus \{i,j\}}) \propto \exp(\frac{1}{2}(J_{ii} x_i^2 + J_{ij} x_i x_j + J_{jj} x_j^2) + A x_i + B x_j + C)$$

のように書くことができます．ここで，A, B, C は x_i, x_j によらない定数です．この確率密度関数が積に分かれる条件を考えると，

$$X_i \perp\!\!\!\perp X_j | X_{V \setminus \{i,j\}} \quad \Leftrightarrow \quad J_{ij} = 0$$

を得ます．よって，多次元ガウス分布をマルコフ確率場としてみた場合，そのグラフは $J_{ij} \neq 0$ となる i, j を辺で結んだものになります．

Chapter 5

因子グラフ表現

> ベイジアンネットワークとマルコフ確率場の確率分布関数は，局所的な関数の積で表されていました．この節では，より直接的に関数の積表示をグラフ表現する方法を導入します．

定理 3.2 や定理 4.3 でみたとおり，ベイジアンネットワークとマルコフ確率場の確率分布関数は，局所的な関数の積で表すことができていました．

本章では，このような積表示を用いて直接的に図示する，因子グラフ表現を解説します．この方法では，ベイジアンネットワークもマルコフ確率場も超グラフによって表現されます．超グラフは無向グラフの拡張なので，ベイジアンネットワークの矢印の情報は失われます．一方，マルコフ確率場のグラフ表示よりも詳細な構造を記述できます．

本書ではベイジアンネットワーク，マルコフ確率場，因子グラフ型モデルのようにグラフ構造に対応した積表示をもつ確率分布関数(族)を総称して**グラフィカルモデル (graphical model)** と呼んでいます．

5.1 超グラフの用語

まず最初に，超グラフを定義しましょう．通常のグラフでは，辺は2つの頂点を結ぶものですが，超グラフでは1つの超辺が複数の頂点を結びます．

頂点集合を V とすると，V の部分集合を**超辺** (ハイパーエッジ，**hyperedge**) と呼びます．超辺からなる集合 F と頂点集合のペア $H = (V, F)$ を**超グラフ** (ハイパーグラフ，**hypergraph**) と呼びます．たとえば図 5.1 では，

$V = \{v_0, v_1, \ldots, v_4\}$, $F = \{\{v_0, v_1, v_4\}, \{v_0, v_3\}, \{v_2, v_3, v_4\}\}$ となります．超グラフは図 5.1 のように 2 種類の頂点からなる通常のグラフとして図示することができます．これを超グラフの **2 部グラフ表示**といいます[*1]．

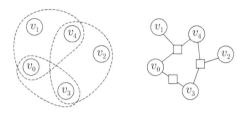

図 5.1 超グラフとその 2 部グラフ表示の例

頂点 $i \in V$ に対して，その近傍を $N(i) = \{\alpha | \alpha \in F, i \in \alpha\}$ と定義します．同様に，超辺 $\alpha \in F$ に対して，その近傍を $N(\alpha) = \{i | i \in V, \alpha \ni i\}$ と定義します．また，$|N(i)|$ を，頂点 i の**次数** (**degree**) といいます．同様に，$|N(\alpha)|$ を，超辺 i の次数といいます．

特にすべての超辺の次数が 2 である場合，超グラフは通常のグラフと本質的に同じものです．

[*1] このように 2 種類の頂点からなり，すべての辺が異なる種類の頂点を結んでいるようなグラフを **2 部グラフ** (**bipartite graph**) といいます．超グラフは，○と□の 2 種類の頂点をもつグラフとしても表現できることをいっています．

5.2 因子グラフ型モデルの定義

> **定義 5.1（因子グラフ型モデル）**
>
> 超グラフ $H = (V, F)$ が与えられているとする．さらに，頂点 $i \in V$ に対して集合 χ_i と，辺 $\alpha \in F$ に対して $\Psi_\alpha : \prod_{i \in \alpha} \chi_i \to \mathbb{R}_{\geq 0}$ が与えられているとする．このとき，
>
> $$p(x) = \frac{1}{Z} \prod_\alpha \Psi_\alpha(x_\alpha)$$
>
> の形で定義される確率分布（族）を**因子グラフ型モデル** (factor graph model) という．ここで，Z は規格化定数である．すなわち，
>
> $$Z = \sum_{x_\alpha} \prod_\alpha \Psi_\alpha(x_\alpha)$$
>
> である[*2]．超グラフ H は**因子グラフ** (factor graph) とも呼ばれる．

このように超辺 α に対応した関数 Ψ_α の積の形に分かれるというのが，因子グラフ型モデルの非常に大きな特徴です．このとき，超辺 α は**因子** (factor)，関数 Ψ_α は**因子関数** (factor function) とも呼ばれます．また，規格化定数 Z を正確に計算することは一般（計算量的に）に難しいことが多いです．

Z が具体的な数値として得られない場合，与えられた状態 x に対してその確率値 $p(x)$ を計算することができません．しかし一方で，一部の条件付き確率は簡単に計算することができます．頂点 i に対してその近傍に含まれる頂点を $B(i) = \{j | j \in \alpha, \alpha \ni i, j \neq i\}$ と書くことにすると，

[*2] 確率密度関数を考える場合は和を積分でおき換えます．

$$p(x_i|x_{B(i)}) \propto \prod_{\alpha \ni i} \Psi_\alpha(x_\alpha)$$

が成立します．

5.3 因子グラフ型モデルとマルコフ確率場

因子グラフ型モデルの超グラフも，マルコフ確率場のグラフも共にあるクラスの確率分布を表しています．この節ではこれらの違いについて考えてみましょう．

まず，因子グラフ型モデルからマルコフ確率場を得るにはどうすればよいでしょうか．性質 (F) からわかるとおり，ある頂点 u, v が 1 つの因子に含まれていれば，u, v を辺で結べばよいのです．逆に，マルコフ確率場から因子グラフ型モデルを得るには，グラフのクリークを超辺とした超グラフを作ればよいことがわかります．

しかし，マルコフ確率場のグラフ表示は因子グラフよりも情報が少なくなっています．それにより，異なる因子グラフが，マルコフ確率場としては同じグラフに表現されることが起きます．たとえば，

$$p(x_1, x_2, x_3) = \phi(x_1, x_2)\phi(x_2, x_3)\phi(x_3, x_1)$$

という形と

$$p(x_1, x_2, x_3) = \phi(x_1, x_2, x_3)$$

という形に因子分解される 2 種類の確率分布関数について考えてみましょう．これはそれぞれ，図 5.2 の左と中央のような因子グラフで表現されます．一方，マルコフ確率場のグラフ表示では，右のように三角形になってしまいます．

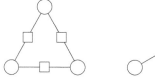

図 5.2 2 つの因子グラフとそれに対応するマルコフ確率場のグラフ

まとめると，マルコフ確率場のグラフ表示は条件付き独立性 (マルコフ性) の観点からは自然なものですが，因子グラフ表現のほうがより詳細な積への分解構造を記述しているといえます．

5.4 因子グラフ型モデルとベイジアンネットワーク

定理 3.2 でみたとおり，ベイジアンネットワークは条件付き確率での積に分かれるのでした．これを使うと，ベイジアンネットワークは因子グラフ型モデルとして解釈することも可能です．

ベイジアンネットワークの有向非巡回グラフの頂点集合を V とし，各頂点に対応する超辺を

$$\alpha_i = \{i\} \cup \mathrm{pa}(i)$$

のように定義します．この集まりを $F = \{\alpha_i | i \in V\}$ とおきます．このとき，ベイジアンネットワークはこの超グラフ (V, F) 上の因子グラフ型モデルになっていることがわかります．ただし，規格化定数が 1 であるという著しい特徴があります．

歴史的には，ベイジアンネットワークやマルコフ確率場による表現は統計学で用いられてきました．これらは条件付き独立性を用いて定義されていることからわかるように，データの統計的性質を記述する方法を与えます．一方で，因子グラフによる確率分布関数の表示は，計算を効率化する文脈で用いられてきました．実際，第 6 章で議論する確率伝搬法では，因子関数の積にわかれるという代数的な性質からアルゴリズムが導かれます．

5.5 因子グラフ型モデルの例

5.5.1 2値ペアワイズモデル

すべての因子がちょうど 2 つの頂点をもつとき，因子グラフ型モデルはペアワイズ (pairwise) であるといいます．この場合，すべての因子関数は $\Psi_{ij}(x_i, x_j)$ のように書くことができます．ちなみに，ペアワイズモデルでは，マルコフ確率場としてのグラフ表示と，因子グラフは同じグラフになります．

ペアワイズな因子グラフ型モデルの中でも最も単純なものは，**2値ペアワイズ (binary pairwise)** と呼ばれるものです．この場合，頂点上の変数は $+1$ か -1 のどちらかの値をとります．すると，因子関数は，$2 \times 2 = 4$ つの引数をとりますが，以下のように書けるとして一般性を失いません．

$$\Psi_{ij}(x_i, x_j) = \exp(J_{ij}x_ix_j + h'_i x_i + h'_j x_j)$$

よって，h'_i をまとめたものを h_i と書き直すと，確率 p は一般的に以下のように書くことができます．

$$p(x) = \frac{1}{Z} \exp(\sum_{ij \in E} J_{ij}x_ix_j + \sum_{i \in V} h_i x_i)$$

ここで，規格化定数 Z

$$Z = \sum_{x \in \{\pm 1\}} \exp(\sum_{ij \in E} J_{ij}x_ix_j + \sum_{i \in V} h_i x_i)$$

は $2^{|V|}$ 回の足し算によって定義されています．

5.5.2 組み合わせ最適化問題

多くの組み合わせ最適化問題に現れる局所的な制約は，因子関数によって表現できます．ここでは**真偽値充足問題 (SAT)** を例にとって説明します．

変数 x_i は真偽値 (0:偽,1:真) を取るものとします．x_i の否定は $\bar{x}_i = 1 - x_i$ によって定義します．**節 (clause)** とは，x_i やその否定を OR 演算子 $\vee$ で連結したものです．たとえば以下は節です．

$$(x_1 \vee \bar{x}_2 \vee x_3)$$

いくつかの節を AND 演算子 $\wedge$ で連結して得られる論理式を**連言標準形 (conjunctive normal form, CNF)** といいます．たとえば以下のようなものです：

$$(x_1 \vee \bar{x}_2 \vee x_3) \wedge (x_2 \vee \bar{x}_4 \vee \bar{x}_5) \wedge (\bar{x}_3 \vee \bar{x}_5 \vee x_6)$$

与えられた CNF に対してそれを満たす変数の値 $\{x_i\}$ を求めるのが SAT 問題です．特にすべての節が K 個の変数からなるとき K-SAT 問題と呼ばれます．

節 α に含まれる変数を x_α とします.そのエネルギー関数を

$$E_\alpha(x_\alpha) = \begin{cases} 0 & x_\alpha が節\alphaの条件を満たすとき \\ 1 & x_\alpha が節\alphaの条件を満たさないとき \end{cases}$$

のように定義し,因子関数を

$$\Psi_\alpha(x_\alpha) = \exp(-\beta E_\alpha(x_\alpha))$$

のように定義します.ここで,$\beta > 0$ は定数です.与えられた CNF に対して,満たさない節の個数が最小になるような真偽値の割り当ては,この確率分布の確率が最大の状態に対応します.

Chapter 6

周辺確率分布の計算1.：確率伝搬法

> 本章では，グラフィカルモデルの周辺確率分布を計算するタスクについて解説します．これは確率推論とも呼ばれます．本章ではグラフが木である場合の効率的計算方法として確率伝搬法を解説します．

6.1 確率推論の定式化

グラフィカルモデルの分野において，**確率推論** (**probabilistic inference**) とは観測された確率変数たち $Y = (Y_1, Y_2, \ldots, Y_L)$ の値に基づいて，観測されていない確率変数たち $X = (X_1, X_2, \ldots, X_M)$ の確率を計算することです．ここでは，与えられた観測値 $\{y_j\}$ のもとでの各 X_i の周辺確率分布

$$P(X_i | Y = \{y_j\}) \quad i = 1, \ldots, M$$

を計算することになります．

まず簡単な具体例から考えてみましょう．図 6.1 のような因子グラフ型モデルを考えます．変数 y_1, y_2 が観測されているとき，観測されていない変数 x_1, x_2 の確率分布は，

$$p(x_1, x_2 | y_1, y_2) \propto \phi_1(x_1, x_2, y_1)\phi_2(x_1, y_2)\phi_3(x_2, y_2) \tag{6.1}$$

によって定まります．これに対して周辺確率分布を計算することにより，$p(x_i|y_1,y_2)$ $i=1,2$ を得ることができます．

ここで，式 (6.1) の右辺はもとの因子関数に y_1,y_2 を代入したものになっています．これは因子グラフとしては図 6.1 の右側のものに相当します．一般に，確率変数 X と Y からなる因子グラフ型モデルが与えられ，観測 $Y=(Y_j)$ の元での周辺確率分布を計算する問題は，変形された因子グラフ上での (条件付けなしの) 周辺確率分布を計算する問題に帰着します．よって，本章ではこのような観測を明示しないことにします．

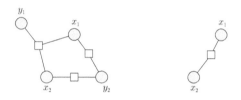

図 6.1 もとの因子グラフ型モデルと，Y を観測したときの因子グラフ

周辺確率分布の定義は単純ですが，それを実際に計算することは必ずしも簡単ではありません．特に確率変数が離散的な場合には，周辺確率分布の計算は計算論的に困難 (**NP 困難**，**NP-hard**) であることが知られています．その原因は，たくさんの変数の状態の足し上げが必要になることにあります．

しかし，グラフ構造が木，すなわちサイクルをもたないグラフである場合には周辺確率分布の計算を効率的に行うことができます．本章ではグラフが木の場合に，確率伝搬法を用いて効率的に計算できることを解説します．

本章の最後では，木構造を仮定しない場合の厳密解法について簡単に触れます．しかし，機械学習でグラフィカルモデルを用いる場合は大抵，この種の厳密解法は計算量が多くなり過ぎるので近似が必要になります．それについては次章以降で議論します．

6.2 木の上での確率伝搬法

以下では，簡単な場合から順に確率伝搬法のアルゴリズムを解説していきます．

6.2.1 木の定義

グラフ[*1]が**連結 (connected)** であるとは,任意の2頂点を始点と終点とするような路が存在することをいいます.部分グラフが**サイクル (cycle)** であるとは,すべての頂点の次数が2であることをいいます.サイクルをもたない連結なグラフのことを**木 (tree)** といいます.図 6.2 はサイクルと木の例です.超グラフが**木**であるとは,その2部グラフ表現が木であることをいいます[*2].木の頂点で,次数が1のものは**葉 (leaf)** と呼ばれます.

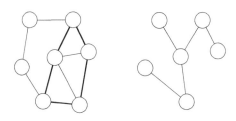

図 6.2 左: サイクル (太線) の例 右: 木の例

6.2.2 直線型グラフ上での確率伝搬法

まず,確率伝搬法の計算方法のアイディアをつかむために,最も単純なケース,すなわち因子がペアワイズで,グラフが直線状である場合で考えましょう.

図 6.3 直線型のグラフ

図 6.3 のように,5つの頂点が直線上に並んだグラフを考えます.この場合,確率分布は

$$p(x) = \frac{1}{Z} \phi_{12}(x_1, x_2) \phi_{23}(x_2, x_3) \phi_{34}(x_3, x_4) \phi_{45}(x_4, x_5) \quad (6.2)$$

[*1] 無向グラフを考えています.
[*2] 超グラフには超木という概念がありますが,それとは異なります.

という形で与えられます．

まず，x_3 の周辺確率分布を計算してみましょう．その定義式は，

$$p_3(x_3) \propto \sum_{x_1}\sum_{x_2}\sum_{x_4}\sum_{x_5} \phi_{12}(x_1,x_2)\phi_{23}(x_2,x_3)\phi_{34}(x_3,x_4)\phi_{45}(x_4,x_5)$$

で与えられます．変数 x_i の状態数をそれぞれ K とすると，すべての x_3 で $p_3(x_3)$ を求めるのに必要な計算の回数は約 K^5 になります．これは効率がよくありません．なぜなら，もし頂点の個数 (=5) が増えていったとすると，計算量が指数関数的に増えてしまうからです．

しかしここで，周辺確率の定義式は

$$p_3(x_3)$$
$$\propto \{\sum_{x_2}\phi_{23}(x_2,x_3)(\sum_{x_1}\phi_{12}(x_1,x_2))\}\{\sum_{x_4}\phi_{34}(x_3,x_4)(\sum_{x_5}\phi_{45}(x_4,x_5))\}$$

のように式変形することができます．このように変形する利点は計算量の削減にあります．まず，

$$\sum_{x_1}\phi_{12}(x_1,x_2)$$

の計算は，各 x_2 について x_1 の足し算を行うので K^2 回の計算量になります．この量を $m_{1\to 2}(x_2)$ とおくことにします．同様に $m_{5\to 4}(x_4)$ を定め，

$$m_{2\to 3}(x_3) = \sum_{x_2}\phi_{23}(x_2,x_3)m_{1\to 2}(x_2)$$

$$m_{4\to 3}(x_3) = \sum_{x_4}\phi_{34}(x_3,x_4)m_{5\to 4}(x_4)$$

とすると，結局，$p_3(x_3) \propto m_{2\to 3}(x_3)m_{4\to 3}(x_3)$ となります．これで，全体の計算量は $4K^2$ になります．一般にこの変形によって計算量が頂点数の指数オーダーから，線形オーダーになります．

このように，グラフの端から計算した量を送っていくという方法で計算を効率化するのが確率伝搬法の基本的なアプローチになります[*3]．

[*3] これは，動的計画法 (dynamic programming) と呼ばれる一般的な効率的計算手法の例になっています．動的計画法により効率的計算を行っているアルゴリズムは機械学習の分野にはたくさんあります (例：自然言語処理分野で構文解析に用いられる Cocke-Younger-Kasami (CKY) アルゴリズム，隠れマルコフモデルの最適系列を Viterbi アルゴリズム，系列間の類似度を比較する Dynamic Time Warping アルゴリズム)．

6.2.3 ペアワイズモデルでの確率伝搬法

さて,前述の計算方法を木の場合に一般化してみましょう.グラフの端から順に計算した量 (メッセージ) を送っていくという考え方はまったく同じです.

まず,記号の準備をしておきます.木構造グラフ $G = (V, E)$ の上のペアワイズである因子グラフ型モデルが,

$$p(x) = \frac{1}{Z} \prod_{ij \in E} \phi_{ij}(x_i, x_j)$$

という形で与えられているとします.グラフの各無向辺 $ij \in E$ に対して,有向辺 $i \to j, j \to i$ を考えることができます.

このとき,この木の上での確率伝搬法のアルゴリズムはアルゴリズム 6.1 のように書くことができます.

アルゴリズム 6.1 木のグラフ上での確率伝搬法のアルゴリズム

1. メッセージの計算:
   すべての $k \in N(i) \setminus \{j\}$ で $m_{k \to i}$ が定まっているような $i \to j$ から順に,以下の式で $m_{i \to j}$ を定める.

   $$m_{i \to j}(x_j) \propto \sum_{x_i} \prod_{k \in N(i) \setminus \{j\}} \phi_{ji}(x_j, x_i) m_{k \to i}(x_i) \quad (6.3)$$

2. 周辺確率の計算:

   $$p_i(x_i) \propto \prod_{k \in N(i)} m_{k \to i}(x_i) \quad (6.4)$$

   $$p_{ij}(x_i, x_j) \propto \phi_{ij}(x_i, x_j) \prod_{k \in N(i) \setminus \{j\}} m_{k \to i}(x_i) \prod_{l \in N(j) \setminus \{i\}} m_{l \to i}(x_j) \quad (6.5)$$

このアルゴリズムにおいて,各有向辺上で定義される関数 $m_{i \to j}$ はメッセージ (**message**) と呼ばれます.図 6.4 はメッセージの更新式 (6.3) を模式的に表したものです.

最初は，葉 i に対して，$m_{i \to j}$ のメッセージが定まります．その後のメッセージは葉から順にすべて決まっていきます．よって計算量は，木の最大次数を $d = \max |N(i)|$ として $O(d|V|K^2)$ になります*4．

式 (6.4), (6.5) では p_{ij}, p_i が規格化されるように比例係数が決まります．こうして計算される p_{ij}, p_i は正しい周辺確率になっています．このことは 6.2.2 項で議論したように，メッセージの式を書き下せば確認することができます*5(より正確な証明は後述します)．

周辺確率の定義から当然成立する関係式

$$p_i(x_i) = \sum_{x_j} p_{ij}(x_i, x_j)$$

は式 (6.3),(6.4),(6.5) から確認することができます．

確率伝搬法で周辺確率の計算は，一度メッセージを計算してさえおけば，すべての頂点 (変数) に対して簡単に求めることができます．それに対し，周辺確率を定義どおり計算する場合は，各頂点ごとに別に和計算をすることになってしまいます．この観点でも確率伝搬法による計算は効率的だといえます．

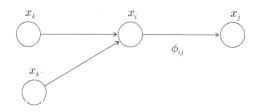

図 6.4　ペアワイズモデルにおけるメッセージ $m_{i \to j}$ の計算方法

6.2.4　因子グラフでの確率伝搬法

確率伝搬法のアルゴリズムは，木の因子グラフ上にも拡張され，周辺確率分布の計算を効率的に行うことができます．ただし，ペアワイズの場合に比

---

*4　ちなみに，連結な木では，$|E| = |V| - 1$ が成立します．
*5　簡単な木で実際に書き下してみましょう．

べて，メッセージの更新式は若干複雑になります．

因子グラフ型モデルが，

$$p(x) = \frac{1}{Z} \prod_{\alpha \in F} \Psi_\alpha(x_\alpha)$$

という形で与えられたとします．このときの確率伝搬法のアルゴリズムはアルゴリズム 6.2 のように与えられます．

アルゴリズム 6.2 木の因子グラフ上での確率伝搬法のアルゴリズム

1. メッセージの計算:
   下式の右辺のメッセージ $m_{\beta \to i}$ がすべて定まっているような $\alpha \to i$ から順に，以下の式で $m_{\alpha \to i}$ を定める．

$$m_{\alpha \to i}(x_i) \propto \sum_{x_{\alpha \setminus i}} \Psi_\alpha(x_\alpha) \prod_{j \in \alpha, j \neq i} \prod_{\beta \ni j, \beta \neq \alpha} m_{\beta \to j}(x_j) \quad (6.6)$$

2. 周辺確率の計算:

$$p_i(x_i) \propto \prod_{\alpha \ni i} m_{\alpha \to i}(x_i) \quad (6.7)$$

$$p_\alpha(x_\alpha) \propto \Psi_\alpha(x_\alpha) \prod_{j \in \alpha} \prod_{\beta \ni j, \beta \neq \alpha} m_{\beta \to j}(x_j), \quad (6.8)$$

図 6.5 はメッセージ $m_{\alpha \to i}(x_i)$ の更新式の模式図です．ペアワイズの場合と同じく，メッセージが木の端から順に定まっていきます．

文献によっては，頂点 j から因子 α へのメッセージを

$$m_{j \to \alpha}(x_\alpha) = \prod_{\beta \ni j, \beta \neq \alpha} m_{\beta \to j}(x_j)$$

のように定義することもあります．

アルゴリズム 6.2 での計算式 (6.7), (6.8) が実際に真の周辺確率分布を与えていることを簡潔に確認しましょう．これはもちろん，ペアワイズの場合も含んだ証明になっています．

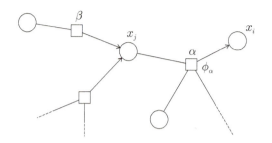

図 6.5　因子グラフ型モデルにおけるメッセージ $m_{\alpha \to i}$ の計算方法

命題 6.1（木の上での確率伝搬法が周辺確率を計算すること）

確率伝搬法のアルゴリズムによって計算される (6.7),(6.8) は真の周辺確率分布を与えている．

証明．

まず，式 (6.7),(6.8) により定められる量を $\hat{p}_i, \hat{p}_\alpha$ と書くことにする．これらが真の周辺確率に一致することを示す．

式 (6.7),(6.8) より，メッセージが分子分母でキャンセルすることにより

$$\prod_{\alpha \in F} \Psi_\alpha(x_\alpha) \propto \prod_{i \in V} \hat{p}_i(x_i)^{1-d_i} \prod_{\alpha \in F} \hat{p}_\alpha(x_\alpha) \tag{6.9}$$

が成立することが容易に確認できる．一方，更新終了時には式 (6.6) が成立するので，$i \in \alpha$ のとき

$$\hat{p}_i(x_i) = \sum_{x_{\alpha \setminus i}} \hat{p}_\alpha(x_\alpha)$$

が成立する．今，因子グラフが木であることに注意すると，葉から順に計算していくことで

$$p_\alpha(x_\alpha) = \sum_{(x_i)_{i \notin \alpha}} \frac{1}{Z} \prod_{\beta \in F} \Psi_\beta(x_\beta)$$
$$= \sum_{(x_i)_{i \notin \alpha}} \prod_{i \in V} \hat{p}_i(x_i)^{1-d_i} \prod_{\alpha \in F} \hat{p}_\alpha(x_\alpha)$$
$$= \hat{p}_\alpha(x_\alpha)$$

が成立することがわかる. □

6.3 適用例: 隠れマルコフモデル

ここでは，隠れマルコフモデル (**Hidden Markov Model, HMM**) を例にとり，確率伝搬法の計算を確認してみます．隠れマルコフモデルは，時系列のモデル化に用いられる確率モデルの1つで，マルコフ過程 Z から，各時刻で観測 X が生成されます．式で書くと，

$$p(x,z) = p(z_1) \prod_{t=1}^{T-1} p(z_{t+1}|z_t) \prod_{t=1}^{T} p(x_t|z_t)$$

で定義されます．これは，ベイジアンネットワークとして図 6.6 のような有向非巡回グラフ構造をもちます．

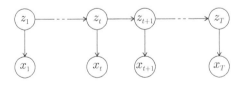

図 6.6 HMM の概念図

観測 x のもとで，隠れ状態 z の周辺確率分布を計算しましょう．まず，観測 x のもとでは，考えるグラフィカルモデルは

$$p(z) \propto \prod_{t=1}^{T-1} \phi_{t,t+1}(z_t, z_{t+1})$$

という直線型になります．ただしここで，$\phi_{t,t+1}$ は以下のように定義しました．

$$\phi_{1,2}(z_1, z_2) = p(z_2|z_1)p(x_1|z_1)p(z_1)$$
$$\phi_{t,t+1}(z_t, z_{t+1}) = p(z_{t+1}|z_t)p(x_t|z_t)$$
$$\phi_{T-1,T}(z_{T-1}, z_T) = p(z_T|z_{T-1})p(x_{T-1}|z_{T-1})p(x_T|z_T)$$

確率伝搬法のメッセージ関数としては，順方向 $m_{t-1,t}(x_t)$ と逆方向 $m_{t,t-1}(x_{t-1})$ を考えることになります．これらの更新式は，

$$m_{t-1,t}(z_t) = \sum_{z_{t-1}} \phi_{t-1,t}(z_{t-1}, z_t) m_{t-2,t-1}(z_{t-1})$$
$$m_{t,t-1}(z_{t-1}) = \sum_{z_t} \phi_{t-1,t}(z_{t-1}, z_t) m_{t+1,t}(z_t)$$

という行列とベクトルの積の形で与えられます．

6.4 連続変数の場合

本章では，主に離散変数の因子グラフ型モデルを念頭に確率伝搬法を説明してきました．ガウス型の場合でも，ほぼ同様の議論が成り立ちます．なぜなら，ガウス分布を周辺化してもガウス分布になることと同じく，式 (6.6) の右辺を計算するとガウス型になるからです．

非ガウス型の連続変数を取り扱いたい場合には，確率伝搬法のアルゴリズムを改変し，近似する必要があります．たとえば，メッセージを何らかのパラメタ族で表現する場合，式 (6.6) の右辺がそのパラメタ族に入らないことがあります．このようなとき，十分統計量の期待値の一致性で代用する方法は，expectation propagation algorithm として知られています [20]．

ほかに，確率密度関数を表現する方法としては，パーティクルを用いる方法 [30] や，ヒルベルト空間への埋め込みを使う方法 [25] などが知られています．

6.5 ほかの厳密計算方法

　木ではない超グラフであっても，ジャンクションツリー (ジョインツリー) と呼ばれる木に変換して，その上で確率伝搬法を実行することにより，周辺確率分布を厳密計算することが可能です．これは，**ジャンクションツリーアルゴリズム (junction tree algorithm)** として知られています．ただしこのアルゴリズムに必要な計算量は，**木幅 (treewidth)** と呼ばれる量に関して指数オーダーです[*6]．よって，木幅が大きい場合には実用的ではありません．より詳しくは，[34] を参照してください．

　他にも，周辺化 (=変数の消去) を順番に行っていく，variable elimination というアルゴリズムや，因子関数を消していく factor elimination というアルゴリズムも知られています[34]．この場合も超グラフが木に近ければ，比較的少ない計算量で済みますが，そうでなければ「指数的な」計算量が必要になってしまいます．

[*6] 詳細な定義は省略しますが，木幅とは「木からどれくらいかけ離れているか」を表す指標です．定義より，木の木幅は 1 になります．定性的には，大きなサイクルをたくさん含むグラフでは，木幅が大きくなります．たとえば，$L \times L$ の平面格子型のグラフでは木幅は L になります．

Chapter 7

周辺確率分布の計算2.：ベーテ近似

本章では，木以外の場合にも確率伝搬法のアルゴリズムを適用し，近似的に周辺確率分布を計算します．これは，変分法の観点からはベーテ近似として理解できます．さらにベーテ近似の拡張である菊池近似から一般化確率伝搬法を導きます．

7.1 サイクルのあるグラフ上での確率伝搬法

7.1.1 確率伝搬法のアルゴリズム

前章では，木の上での確率伝搬法のアルゴリズムを導入しました．これは，周辺確率分布をメッセージ伝搬を用いて効率的に計算するものでした．サイクルのあるグラフ上でも，アルゴリズム 7.1 のように同様のアルゴリズムを適用することにより，近似計算を行うことができます[*1]．

[*1] 本書では，このアルゴリズムも確率伝搬法と呼びます．英語では木の上での確率伝搬法 (Belief Propagation Algorithm) に対して Loopy Belief Propagation Algorithm と呼ぶこともあります．

アルゴリズム 7.1 一般の因子グラフ上での確率伝搬法

1. 初期化:
   すべての有向辺 $\alpha \to j$ に対して,
   $$m^0_{\alpha \to j}(x_j) = 1$$
   と定める.

2. 更新:
   $t = 0, 1, \ldots$ ですべてのメッセージを以下の式で更新し,収束するまで続ける.
   $$m^{t+1}_{\alpha \to i}(x_i) \propto \sum_{x_{\alpha \setminus i}} \Psi_\alpha(x_\alpha) \prod_{j \in \alpha, j \neq i} \prod_{\beta \ni j, \beta \neq \alpha} m^t_{\beta \to j}(x_j) \quad (7.1)$$

3. 近似周辺確率の計算:
   収束したメッセージを $m^*_{\alpha \to i}$ とし,
   $$b^*_i(x_i) \propto \prod_{\alpha \ni i} m^*_{\alpha \to i}(x_i)$$
   $$b^*_\alpha(x_\alpha) \propto \Psi_\alpha(x_\alpha) \prod_{j \in \alpha} \prod_{\beta \ni j, \beta \neq \alpha} m^*_{\beta \to j}(x_j)$$
   によって b^*_i, b^*_α を定める.

木の上でない確率伝搬法では,メッセージの更新は有限回で終了しません. すべての $\alpha \to i$ で,$m^t_{\alpha \to i}(x_i)$ と $m^{t+1}_{\alpha \to i}(x_i)$ が (ほぼ) 等しくなるまで式 (7.1) による更新を続けます.場合によっては値が収束せずに振動してしまうこともありますが,多くの場合で収束することが知られています.定性的には,グラフ構造が木に近い場合や,確率変数間の従属性が弱い場合に収束しやすくなります.

こうして得られた周辺確率分布の近似 b^*_i, b^*_α は**局所整合性条件 (local consistency condition)** と呼ばれる以下の関係式を満たすことが容易に確認できます.

$$b_i^*(x_i) = \sum_{x_{\alpha \setminus i}} b_\alpha^*(x_\alpha) \tag{7.2}$$

このことは次節の変分法による定式化の中で重要な役割を果たします．

上記，**アルゴリズム 7.1** のステップ 2. では，メッセージを更新する順序の詳細については指定しませんでした．すべての辺を同時に同期して更新する方法や，更新量の大きい辺を優先的に更新する方法などがあります [9]．

7.1.2 例: サイクルを 1 つもつグラフ上での確率伝搬法

木ではない最も簡単なグラフは，図 7.1 のようなサイクル型のグラフです．例として，このような場合で確率伝搬法がどうなるのか考えてみましょう．

確率分布関数は，

$$p(x) = \frac{1}{Z}\phi_{0,1}(x_0, x_1)\phi_{1,2}(x_1, x_2)\cdots\phi_{L-1,0}(x_{L-1}, x_0)$$

で与えられます．

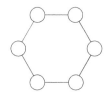

図 7.1 サイクル型のグラフ

このグラフ上での確率伝搬法では，右回りのメッセージと左回りのメッセージが計算されます．アルゴリズムの固定点では，メッセージ伝搬を一周計算してももとのメッセージに一致することになります．すなわち，適当な係数 $\alpha > 0$ のもとで

$$m_{0,1}(x_1') = \alpha \sum_{x_1, x_2, \ldots, x_{L-1}, x_0} \phi_{0,1}(x_0, x_1')\phi_{L-1,0}(x_{L-1}, x_0)$$
$$\cdots \phi_{2,3}(x_2, x_3)\phi_{1,2}(x_1, x_2)m_{0,1}(x_1)$$

が成立します．この式は行列 Φ とベクトル $m_{0,1}$ を用いて

$$m_{0,1} = \alpha \Phi m_{0,1}$$

と書くことができます．これは結局，行列の固有値問題を解いていることに相当します．ϕ は正の関数であることから，ペロン-フロベニウス (Peron-Frobenius) の定理[*2]より，ただ1つの解があることがわかります．

この例のように，サイクルが1つしかない場合は，確率伝搬法の固定点は線形方程式によって特徴付けられます．しかし，サイクルが2つ以上ある場合には複雑な非線形方程式になり固定点がたくさん存在し得ます．

7.2 変分法による定式化

前節ではサイクルのあるグラフ上での確率伝搬法を，木の場合からの類推により，ヒューリスティックに導出しました．実はこのアルゴリズムは，ある種の変分問題を解いていると理解することができ，より明確な基礎付けを与えることができます．この節ではそれを解説します．

7.2.1 ギブス自由エネルギー関数

まず，木の場合で真の周辺確率分布がギブス自由エネルギー関数の変分法によって特徴付けられることをみましょう．

ギブス自由エネルギー関数 (Gibbs free energy function) は，確率 $\hat{p}$ の関数として以下のように定義されます．

$$F_{\text{Gibbs}}(\hat{p}) = \sum_x \hat{p}(x) \log \left(\frac{\hat{p}(x)}{\prod_\alpha \Psi_\alpha(x_\alpha)} \right) \tag{7.3}$$

これは，$\hat{p}$ の関数として凸関数であって，$p = Z^{-1} \prod_\alpha \Psi_\alpha(x_\alpha)$ で最小値 $-\log Z$ をとります．すなわち，この因子関数族 $\{\Psi_\alpha\}$ の定める確率分布は，ギブス自由エネルギー関数の変分問題によって特徴付けらるといえます．

命題 6.1 の証明で議論したとおり，木の場合では，任意の確率分布 $\hat{p}$ が，その周辺分布 $\{\hat{p}_i, \hat{p}_\alpha\}$ を用いて

$$\hat{p}(x) = \prod_{i \in V} \hat{p}_i(x_i) \prod_{\alpha \in F} \frac{\hat{p}_\alpha(x_\alpha)}{\prod_{i \in \alpha} \hat{p}_i(x_i)}$$

[*2] 成分がすべて正の行列に対し，成分がすべて正の固有ベクトルがただ1つ存在します．

と書き直すことができます．これを式 (7.3) に代入すると，

$$F_{\text{Gibbs}}(\{\hat{p}_i, \hat{p}_\alpha\}) = -\sum_{\alpha \in F} \sum_{x_\alpha} \hat{p}_\alpha(x_\alpha) \log \Phi_\alpha(x_\alpha)$$
$$+ \sum_{\alpha \in F} \hat{p}_\alpha(x_\alpha) \log \hat{p}_\alpha(x_\alpha) + \sum_{i \in V} (1 - d_i) \hat{p}_i(x_i) \log \hat{p}_i(x_i) \quad (7.4)$$

を得ます．ただしここで，$d_i = |N(i)|$ は頂点 i の次数です．

7.2.2 ベーテ自由エネルギー関数

ベーテ自由エネルギー関数はもともと，物理学の分野でギブス自由エネルギー関数を近似するものとして導入されました．その数学的に整理された定式化は以下のとおりになります．

まず，(サイクルのある) 超グラフ G に対して，凸集合 $\mathbb{L}(G)$ を以下で定義します．

$$\mathbb{L}(G) := \{\boldsymbol{b} = \{b_\alpha, b_i\} | b_i(x_i) = \sum_{x_{\alpha \setminus i}} b_\alpha(x_\alpha), 1 = \sum_{x_i} b_i(x_i), b_\alpha(x_\alpha) \geq 0\} \quad (7.5)$$

これは，局所整合性条件を満たすような周辺確率分布関数の候補の集まりといえます．この集合を**擬周辺確率凸多胞体 (local consistency polytope)** といい，その元を**擬周辺確率分布 (pseudo marginal distribution)** といいます．

ベーテ自由エネルギー関数は，$\mathbb{L}(G)$ 上で，式 (7.4) と同様な式で定義されます:

$$F(\boldsymbol{b}) := -\sum_{\alpha \in F} \sum_{x_\alpha} b_\alpha(x_\alpha) \log \Phi_\alpha(x_\alpha)$$
$$+ \sum_{\alpha \in F} b_\alpha(x_\alpha) \log b_\alpha(x_\alpha) + \sum_{i \in V} (1 - d_i) b_i(x_i) \log b_i(x_i) \quad (7.6)$$

このベーテ自由エネルギー関数の最小化問題を解くことによって，周辺確率分布の計算を近似的に行おうというのが，**ベーテ近似 (Bethe approximation)** のアプローチです．一般に問題の解を何らかの最小化 (最大化)

問題によって特徴付ける方法は，**変分法 (variational method)** と呼ばれます．

> **定理 7.1**（確率伝搬法のベーテ自由エネルギーの変分による定式化）
>
> ベーテ自由エネルギー関数の微分が 0 の点と，確率伝搬法の解は 1 対 1 に対応する．

前節の式 (7.2) で示したとおり，確率伝搬法の解 (固定点) は $\mathbb{L}(G)$ の元になっています．この定理は，ちょうどその場所で，またその場所に限り，ベーテ自由エネルギー関数の傾きが 0 になっていることをいっています．

証明．

ベーテ自由エネルギーを拘束条件 $\mathbb{L}(G)$ のもとで微分する．まず，ラグランジュ (Lagrange) 関数を以下のように定義する．

$$\mathcal{L}(\boldsymbol{b}, \lambda) = F(\boldsymbol{b}) + \sum_i \lambda_i (1 - \sum_{x_i} b_i(x_i))$$
$$+ \sum_\alpha \sum_{i \in \alpha} \sum_{x_i} \lambda_{\alpha,i}(x_i)(b_i(x_i) - \sum_{x_{\alpha \setminus i}} b_\alpha(x_\alpha))$$

このとき，$b_j(x_j)$ と $b_\beta(x_\beta)$ に関する微分が 0 になるという条件から，

$$b_j(x_j) \propto \exp(\frac{-1}{1-d_j} \sum_{\alpha \ni j} \lambda_{\alpha,j}(x_j)) \tag{7.7}$$

$$b_\beta(x_\beta) \propto \Phi_\beta(x_\beta) \prod_{j \in \beta} \exp(\lambda_{\beta,i}(x_j)) \tag{7.8}$$

ここで，

$$\exp(\lambda_{\beta,j}(x_j)) \propto \prod_{\alpha \ni j, \alpha \neq \beta} m_{\alpha \to j}(x_j) \tag{7.9}$$

となるように $m_{\alpha \to j}$ を選ぶと，式 (7.9) を式 (7.7),(7.8) に代入することにより，確率伝搬法の解になっていることが確認できる．逆に，確率伝搬法の解があれば，式 (7.9) で $\lambda_{\beta,j}(x_j)$ を定め，(7.7),(7.8) で $\boldsymbol{b}$ を定めると，その点で微分が 0 になる． □

7.2 変分法による定式化

ベーテ自由エネルギー関数の傾きが 0 の点は，必ずしも関数値の極小ではありませんが，確率伝搬法のの更新式が安定 (すなわち，メッセージを微小に摂動しても，もとの固定点に戻る) であれば，極小な点に対応していることが知られています．

ベーテ自由エネルギー関数の式 (7.6) の第 1 項は b に関して線形の式なので，この関数の「凹凸具合」は残りの項で決まります．残りの項のマイナス，

$$H(\boldsymbol{b}) = -\sum_{\alpha \in F} b_\alpha(x_\alpha) \log b_\alpha(x_\alpha) - \sum_{i \in V}(1-d_i)b_i(x_i) \log b_i(x_i)$$

はベーテエントロピー関数 (**Bethe entropy function**) と呼ばれます．この関数は超グラフのみから定義される量ですが，超グラフが木またはただ 1 つのサイクルをもつ場合，この関数は凹関数になることが知られています．よって，特にその場合はベーテ自由エネルギー関数が凸になり，確率伝搬法の解が一意的であることがわかります．さらに，ベーテエントロピー関数の「凹凸具合」はグラフのゼータ関数と呼ばれる量と密接に関係しており，その性質を解析することで，どのようなときに解が一意的であるのかを調べることができます[38,39]．

このように，確率伝搬法を変分法的に捉えることにより，理論的な見通しがよくなります．また，性質の解析やアルゴリズムの拡張も容易になります．ほかには，情報幾何的な観点からも確率伝搬法の解を特徴付けられることが知られています[13]．次章ではベーテ自由エネルギーの拡張から一般化された確率伝搬法を導きます．

最後に，確率伝搬法の解のもう 1 つの，「双対的な」特徴付けを与えておきます．

> **定理 7.2（確率伝搬法のもう1つの特徴付け）**
>
> $b^* \in \mathbb{L}(G)$ が確率伝搬法の解である必要十分条件は，ある定数 Z_B が存在して，
>
> $$\prod_{\alpha} \Psi_\alpha(x_\alpha) = Z_B \prod_{i \in V} b_i^*(x_i) \prod_{\alpha \in F} \frac{b^*(x_\alpha)}{\prod_{i \in \alpha} b_i^*(x_i)} \quad (7.10)$$
>
> が成立することである．特にこのとき，
>
> $$Z_B = -\log F(b^*)$$
>
> が成立する．

証明．
　まず，b^* がベーテ自由エネルギー関数の微分 0 の点であれば，ラグランジュの未定乗数法により，ある $\{\lambda_{\alpha,j}\}$ が存在して式 (7.7),(7.8) を満たす．よって，式 (7.10) が成立する．逆に，式 (7.10) が成立するとき，うまく $\{\lambda_{\alpha,j}\}$ を選ぶことができて，式 (7.7),(7.8) が成立する．
　最後の式は，式 (7.10) とベーテ自由エネルギーの定義から明らかである． □

7.3　一般化確率伝搬法

　前節では，ベーテ自由エネルギー関数から確率伝搬法が導出されることをみました．本節では，ベーテ自由エネルギーの一般化である菊池自由エネルギー関数から，一般化確率伝搬法が導出されることをみます[*3]．
　確率伝搬法の拡張が必要になる動機付けとして，図 7.2 のようなグラフ構造をもつ因子グラフ型モデルを考えましょう．この場合，小さいサイクルがたくさんあるので，確率伝搬法では近似誤差が大きくなってしまいます．しかし，このサイクルを含むような，もう少し広い範囲での擬周辺確率を考えて計算すれば，より正確な値を求めることができます．

[*3] 物理学では，菊池自由エネルギーによる近似計算手法を**クラスター変分法** (**cluster variational method**) と呼ぶこともあります．

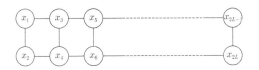

図 7.2 はしご型のグラフ

7.3.1 交わりで閉じた部分集合族

まずは，頂点集合 V の部分集合族 $S = \{s_1, s_2, \ldots\}$ を考えると，これはその包含関係に関して半順序集合になります．特に $s \subsetneq s'$ であって，$s \subsetneq s''$ かつ $s'' \subsetneq s'$ となる s'' が存在しないとき，s' は s の**直上の元**であるといい，$s \triangleleft s'$ と書きます．これを S を頂点とし，$s \triangleleft s'$ なる関係にあるものを結んで得られるグラフを S の **Hasse 図**といいます．図 7.3 は簡単な例です．この例では $s_3 \triangleleft s_1, s_3 \triangleleft s_2$ となっています．

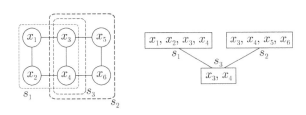

図 7.3 部分集合族と Hasse 図の例

集合族 S が**交わりに関して閉じている**とは，任意の $s, s' \in S$ に関して，$s \cap s' \in S$ となることをいいます．このとき特に，S の極大元の集合 R を選ぶと，
$$S = \{r_{i_1} \cap r_{i_2} \cap \cdots \cap r_{i_k} | r_{i_l} \in R\}$$
のように書くこともできます．特に，$V = \cup S$ のとき，S を V の**クラスター集合族**であるといいます．

菊池近似 (一般化確率伝搬法) においては，$s \in S$ が周辺確率分布を考える範囲となります．$\max_{s \in S} |s|$ が大きいと計算量が多くなりますが，近似の精度が上がるという関係にあります．

7.3.2 木の場合の確率の分解公式

因子グラフがツリーの場合，式 (6.9) のように，確率が周辺確率の積に分解されました．クラスター集合族を用いると，この式はより一般化することができます．

集合族 S が与えられたとき，関数 $\{\kappa_s\}_{s \in S}$ を

$$\log \kappa_s(x_s) = \sum_{r \subset s} \omega(r, s) \log p_r(x_r)$$

によって定義します．ここで，p_r は集合 r 上の周辺確率であり，ω は S のメビウス関数です (詳細は付録 A.2 節参照)．よってメビウスの反転公式 (A.1) により，

$$\log p_r(x_r) = \sum_{s \subset r} \log \kappa_s(x_s) \tag{7.11}$$

が成立します．

定理 7.3（Hasse 図が木の場合の確率の分解公式）

超グラフ $G = (V, F)$ 上の因子グラフ型モデル $p(x) = Z^{-1} \prod_\alpha \Psi_\alpha(x_\alpha)$ と V のクラスター集合族 S が与えられているとする．

このとき，

1. S の Hasse 図が木
2. 任意の $\alpha \in F$ に対して，$s \in S$ が存在して $\alpha \subset s$

であれば，

$$p(x) = \prod_{s \in S} \kappa_s(x_s) \tag{7.12}$$

が成立する．

証明．

$|S|$ に関する帰納法で示す．Hasse 図が木であることから，葉 (次数 1 の頂点) s を必ず選ぶことができる．$S = S' \cup \{s\}$ で，$V' = \cup S'$ と書くことにする．

(i) $t \triangleleft s$ となっている場合, $t = V' \cap s$ なので, 条件付き独立性より, $p(x) = p_s(x) p_{V'}(x)/p_t(x)$ が成立する. 一方で式 (7.11), $p_s(x)/p_t(x) = \kappa_s(x_s)$ が成立する. よって, 帰納法の仮定より,

$$p(x) = \kappa_s(x_s) \prod_{s' \in S'} \kappa_{s'}(x_{s'}) = \prod_{s \in S} \kappa_s(x_s)$$

が示せた.

(i) $s \triangleleft t$ となっている場合も簡単に示せる (詳細略). □

この公式を使うと, 確率分布関数 p のエントロピーは

$$\begin{aligned}-\sum_x p(x) \log p(x) &= -\sum_{h \in S} \sum_{x_h} p_h(x_h) \log \kappa_h(x_h) \\ &= -\sum_{h \in S} \sum_{x_h} p_h(x_h) \sum_{g \subset h} \omega(g, h) \log p_g(x_g) \\ &= -\sum_{g \in S} c(g) \sum_{x_g} p_g(x_g) \log p_g(x_g) \end{aligned} \quad (7.13)$$

となります. ただしここで, $g \in S$ に対してその**重複数 (overcounting number)** を

$$c(g) := \sum_{h \supset g} \omega(g, h) \quad (7.14)$$

と定めました.

この重複数を使うと, 式 (7.12) は,

$$p(x) = \prod_{s \in S} p_s(x_s)^{c(s)}$$

のようにも書くことができます.

7.3.3 菊池エントロピー関数の導出

上述の分解公式と, エントロピーの式 (7.13) から, クラスター集合族 S に対する菊池エントロピー関数が定義されます.

> **定義 7.1（菊池エントロピー関数）**
>
> S と頂点集合 V 上のクラスター集合族とする．S の定める擬周辺確率凸多胞体とは
>
> $$\mathbb{L}(S) := \left\{ \{b_r(x_r)\}_{r \in S} \mid 0 \leq b_r(x_r), b_s(x_s) = \sum_{x_{r \setminus s}} b_r(x_r), \sum_s b_s(x_s) = 1 \right\}$$
>
> のことである．**菊池エントロピー関数**は，$\boldsymbol{b} \in \mathbb{L}(S)$ に対して
>
> $$H_{Kikuchi}(\boldsymbol{b}) = \sum_{r \in S} c(r) H_r(b_r)$$
>
> で定義される関数である．ただし，c は (7.14) で定義された重複数で，
>
> $$H_r(b_r) = -\sum_{x_r} b_r(x_r) \log b_r(x_r)$$
>
> である．

菊池エントロピー関数の導出から明らかなように，Hasse 図が木の場合は，菊池エントロピー関数は真のエントロピー関数に一致します[*4]．一般に，真のエントロピー関数を，菊池エントロピー関数で代用することを**菊池近似**といいます．

重複数は，g が極大元のとき，$c(g) = 1$ となります．非極大元に関しては，関係式

$$c(g) = 1 - \sum_{h \supsetneq g} c(h)$$

を用いて，上から順に計算することができます[*5]．

よって，$g = \bigcap_{h \ni i} h$ を考えることにより，

[*4] 実は，S が超グラフとして**超木**であれば，式 (7.11) が成立し，菊池エントロピー関数は通常のエントロピー関数に一致することが知られています．このような場合では，後述の一般化確率伝搬法は厳密解を計算します．ジャンクションツリーアルゴリズムはその一例であると考えることができます [22]．

[*5] 定義より，任意の $g \in S$ で，$\sum_{h \supseteq g} c(h) = 1$ が成立します．

$$\sum_{h \ni i} c(h) = 1 \tag{7.15}$$

が成立します．このことは，各変数が差し引きちょうど1回カウントされているということを表します．

7.3.4 菊池エントロピー関数とベーテエントロピー関数の関係

菊池エントロピー関数が，ベーテエントロピー関数の拡張になっていることを確認しましょう．因子グラフ $G = (V, F)$ に対して，$S = F \cup V$ がクラスター集合族になっているものとします[*6]．このとき，$c(\alpha) = 1$ で，

$$c(i) = 1 - \sum_{\alpha \ni i} = 1 - d_i$$

となります．よって，菊池エントロピー関数はベーテエントロピー関数に一致します．

7.3.5 一般化確率伝搬法の導出

本章の前半では，確率伝搬法がベーテ自由エネルギー関数の変分から導出されることを見ました．その拡張として，菊池自由エネルギー関数の変分から，**一般化確率伝搬法 (Generalized Belief Propagation, GBP)** を導出することができます．

まず，S をクラスター集合族とします．確率計算の対象になる因子グラフ型モデルは，因子の集合 F と因子関数族 $\{\Psi_\alpha(x_\alpha)\}$ で与えられているとします．任意の $\alpha \in F$ は，どれかの $s \in S$ の部分集合になっているものとします．

まず，一般化確率伝搬法のアルゴリズムを天下り的に与えます．一般化確率伝搬法のメッセージ更新について考えるのに必要な記号をいくつか準備しておきます．一般化確率伝搬法では S に対する Hasse 図上でメッセージ伝搬を行います (Hasse 図の辺集合を E と書くことにします)．よって，h から g への辺 $e = (h, g) \in E$ に対してメッセージ関数 $m_e(x_g)$ を考えます．次に，h への辺集合を

$$A(h) := \{e \in E | \text{inite} \not\subset h, \text{fine} \subset h\}$$

[*6] F の元の間には包含関係はないものとします．

と書くことにします. ただしここで, $e = (h, g)$ に対して, $\text{init} e = h$, $\text{fin} e = g$ と定義しています. 関係 $e \in A(h)$ を模式的に描いたものが図 7.4 になります.

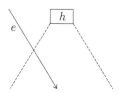

図 7.4 関係 $e \in A(h)$ の模式図

最後に, $g \in S$ に対して,

$$\Psi_g(x_g) = \prod_{\alpha \in F, \alpha \subset g} \Psi_\alpha(x_\alpha)$$

と書くことにし, $\Psi_g(x_g)/\Psi_h(x_h) = \Psi_{g \setminus h}(x_g)$ と略記することにします.

このとき, $g \in S$ での擬周辺確率分布はメッセージから

$$b_g(x_g) = \frac{1}{Z_g} \Psi_g(x_g) \prod_{e \in A(g)} m_{e'}(x_{\text{fin} e'}) \tag{7.16}$$

という形で与えられることを想定してみましょう. $h \subset g$ に対して, 局所整合性条件

$$b_h(x_h) = \sum_{x_{g \setminus h}} b_g(x_g) \tag{7.17}$$

を要請すると, 式 (7.16) で, $\Psi_h(x_h) \prod_{e \in A(g) \cap A(h)} m_e(x_{\text{fin} e})$ がキャンセルされて,

$$\sum_{x_{g \setminus h}} \left(\Psi_{g \setminus h}(x_g) \prod_{e \in A(g) \setminus A(h)} m_e(x_{\text{fin} e}) \right) = \prod_{f \in A(h) \setminus A(g)} m_f(x_{\text{fin} f})$$

が成立します. よって, $e \in A(h) \setminus A(g)$ に対して,

$$m_e(x_h) = \frac{\sum_{x_{g \setminus h}} \left(\Psi_{g \setminus h}(x_g) \prod_{e' \in A(g) \setminus A(h)} m_{e'}(x_{\text{fin} e'}) \right)}{\prod_{f \in A(h) \setminus \{A(g) \cup e\}} m_f(x_{\text{fin} f})} \tag{7.18}$$

という更新式が得られました.以上をまとめるとアルゴリズム 7.2 を得ます.

アルゴリズム 7.2 一般化確率伝搬法

1. 初期化:
   すべての辺 $e \in E$ に対して,
   $$m_e^{t=0}(x_{\text{fine}}) = 1$$
   と定める.
2. 更新:
   $t = 0, 1, \ldots$ でメッセージ m_e^t を式 (7.18) で更新し,収束するまで続ける.
3. 近似周辺確率の計算:
   収束したメッセージから,式 (7.16) で周辺確率の近似を計算する.

7.3.6 一般化確率伝搬法の計算例

図 7.3 の場合で,一般化確率伝搬法の式を書き下してみましょう.因子グラフとしては,$\alpha_1 = \{1, 2, 3, 4\}$, $\alpha_2 = \{3, 4, 5, 6\}$ を考え,クラスター集合族は,$S = \{s_1, s_2, s_3\}$ で $s_1 = \alpha_1$, $s_2 = \alpha_2$ $s_3 = \{3, 4\}$ とします.

辺 $e = (s_1, s_3)$ のメッセージの更新式は,
$$m_{(s_1, s_3)}(x_3, x_4) = \sum_{x_5, x_6} \Psi_{\alpha_2}(x_3, x_4, x_5, x_6)$$

となります.

7.3.7 一般化確率伝搬法と菊池自由エネルギー関数

菊池自由エネルギー関数は,$\boldsymbol{b} \in \mathbb{L}(S)$ 上で
$$F_{\text{Kikuchi}}(\boldsymbol{b}) = -\sum_g \sum_{x_g} b_g(x_g) c(g) \log \Psi_g(x_g) - H_{\text{Kikuchi}}(\boldsymbol{b})$$

のように定義されます.これは,

$$F_g(b_g) = -\sum_{x_g} b_g(x_g) \log \Psi_g(x_g) - H_g(b_g)$$

に係数 $c(g)$ を掛けて足し上げたものともいえます．

任意の $\alpha \in F$ は，どれかの $s \in S$ の部分集合であることより，式 (7.15) と同様に，

$$\sum_{h \supset \alpha} c(h) = 1$$

が成立します．これにより，菊池自由エネルギーの第 1 項において，$\log \Psi_\alpha$ が差し引き 1 回ずつカウントされていることがわかります．

ベーテ自由エネルギー関数の場合と同様に，一般化確率伝搬法は菊池自由エネルギー関数の変分によって特徴付けられます．

> **定理 7.4（菊池自由エネルギーと一般化確率伝搬法）**
>
> 菊池自由エネルギー関数の傾き 0 の点と，一般化確率伝搬法の解は 1 対 1 に対応する．

証明．

まず記号の準備として，辺 $e \in E$ に対して，

$$D(e) := \{g \in S | g \not\supset \text{inite}, g \supset \text{fine}\}$$

と書くことにする．$g \in D(e)$ は $e \in A(g)$ と同値である．$h \subset g$ に対して，$\sum_{x_{g \backslash h}} b_g(x_g)$ を $b_g(x_h)$ と書くことにする．

[ステップ 1]

局所整合性条件 (7.17) は，すべての

$$\sum_{g \in D(e)} c(g) b_g(x_{\text{fine}}) = 0 \tag{7.19}$$

のように書き換えられることを示す．

まず，式 (7.17) が成り立つとき，$\sum_{g \in D(e)} c(g) = 0$ であることより[*7]，式 (7.19) が成り立つ．

[*7] $D(e) = \{g \supset \text{fine}\} \setminus \{g \supset \text{inite}\}$ を用いると，$\sum_{g \in D(e)} c(g) = 1 - 1 = 0$ が示せる．

逆に式 (7.19) が成り立つと仮定して式 (7.17) を示す．これには，任意の $h \triangleleft g$ に対して，$b_g(x_h) = b_h(x_h)$ を示せば十分である．ここで S 上の関数 depth(g) を，$g \in S$ が極大元であるときに depth$(g) = 0$ とし，depth$(g) := 1 + \max_{r \triangleright g}$ depth(r) によって帰納的に定める．depth(g) に関する帰納法で証明する．

まず，depth$(g) = 1$ であるということは，極大元 $m_1, \ldots, m_K$ が存在して，$g \triangleleft m_k$ が成立することを意味する．よって，$c(g) = -(K-1), c(m_k) = 0$ に注意すると，$e = (m_l, g)$ での式 (7.19) は，

$$-(K-1)b_g(x_g) + \sum_{k \neq l} b_{m_k}(x_g) = 0 \text{ for all } l = 1, \ldots, K$$

となる．この式を組み合わせると，$b_g(x_g) = b_k(x_g)$ がすべての $k = 1, \ldots, K$ で示せる．

次に depth$(g) = L \geq 2$ とする．Hasse 図の中で，$\{r | r \supset g\}$ の部分グラフを考える．これが，互いに素な連結集合 $Q_1, \ldots, Q_K$ に分解されるとする．この連結性と帰納法の仮定より，各 k で関数 $y_k(x_g)$ が存在して，$r \in Q_k$ に対して $b_r(x_g) = y_k(x_g)$ が成立する．ここで，$m_k \in Q_k$ を $m_k \triangleright g$ として，$e = (m_k, g)$ に対して式 (7.19) を考えると，

$$c(g)b_g(x_g) + \sum_l G_l y_l(x_g) - y_k(x_g) = 0$$

が導かれる．$(k = 1, \ldots, K)$ ただし，$G_k := \sum_{r \in Q_k} c(r)$ とおいた．この方程式を，$c(g) + \sum_l G_l = 1$ に注意して解くと，$y_k(x_g) = b_g(x_g)$ が得られる．
[ステップ 2]

$\mathbb{L}(S)$ 上で微分が 0 になるという条件は，下記のラグランジュ関数の微分が 0 になるという条件になる．

$$\mathcal{L}(b, m, \theta) = F_{Kikuchi}(\boldsymbol{b})$$
$$+ \sum_{e \in E} \sum_{x_{\text{fine}}} m_e(x_{\text{fine}}) \sum_{g \in D(e)} c(g) b_g(x_{\text{fine}}) + \sum_{g \in S} \theta_g \left(\sum_{x_g} b_g(x_g) \right)$$

これを，$b_g(x_g)$ に関して変分をとると，式 (7.16) を得る． □

Chapter 8

周辺確率分布の計算3.：平均場近似

前章では，周辺確率分布の近似計算が，変分問題を解くことによって得られることをみました．本章では，平均場近似と呼ばれる変分問題からも周辺確率分布の近似計算ができることをみます．

8.1 平均場近似

前章で解説したとおり，サイクルのあるグラフ上での確率伝搬法は，ギブス自由エネルギー関数を近似したベーテ自由エネルギー関数の変分問題として定式化することができていました．本章で解説する**平均場近似 (mean field approximation)** では，ギブス自由エネルギー関数を近似するのではなく，変分をとる範囲を狭めます．

平均場近似では，ギブス自由エネルギー関数 (7.3) の引数に入れる確率分布関数を

$$q(x) = \prod_{i \in V} q_i(x_i) \tag{8.1}$$

のように各変数ごとの確率分布関数の積に分解するものに限ります．いい換えると，真の確率分布 $p(x) = Z^{-1} \prod_\alpha \Psi_\alpha(x_\alpha)$ との KL ダイバージェンス

$$KL(q\|p) = \sum_x \prod_i q_i(x_i) \log \left(\frac{\prod_i q_i(x_i)}{Z^{-1} \prod_\alpha \Psi_\alpha(x_\alpha)} \right) \tag{8.2}$$

を最小にするような $\{q_i(x_i)\}_{i \in V}$ を探すことになります[*1]．一般にこの最適化問題は，複数の局所解をもち得ます．また，得られた解 q^* に対して $-\log Z \le F_{\text{Gibbs}}(q^*)$ が成り立ちます．

式 (8.2) を，拘束条件
$$\sum_{x_i} q_i(x_i) = 1$$
のもとで q_i に関して微分すると，以下のような更新式を得ます．

アルゴリズム 8.1 平均場近似のアルゴリズム

1. 初期化:
   すべての有向辺 $\alpha \to j$ に対して，
   $$c^0_{\alpha \to j}(x_j) = 1$$
   と定める．
2. 更新:
   $t = 0, 1, \ldots$ で，すべての $\alpha \to j$ について以下を繰り返す．
   $$c^{t+1}_{\alpha \to i}(x_i) \propto \exp\left(\sum_{x_{\alpha \setminus i}} \log \Psi_\alpha(x_\alpha) \prod_{k \in \alpha \setminus i} q^t_k(x_k)\right)$$
   $$q^{t+1}_j(x_j) \propto \prod_{j \in \alpha} c^{t+1}_{\alpha \to j}(x_j)$$
3. 更新終了後:
   更新の反復で $q^t_j(x_j)$ が $q^*_j(x_j)$ に収束するとき，この q^*_j を頂点 j の周辺確率分布の近似とする．

8.2　例：イジングモデルの場合

平均場近似も，もともとは物理学で考案された近似手法です．簡単な例と

[*1] 最尤法でデータからモデル q_θ を学習するとき，データの確率分布 p に対して $KL(p||q_\theta)$ を最小化します．ここでの計算では，引数を逆にした，$KL(q||p)$ を最小化しています．技術的には，式 (8.1) のもとでは，$KL(q||p)$ の方が計算が扱いやすくなっています．

して，再び式 (1.3) の形のモデル（イジングモデル）を考えましょう．ここで，q_k^t のもとでの平均値を

$$m_k^t = q_k^t(+1) - q_k^t(-1)$$

とおくと，更新式は

$$q_j^{t+1}(x_j) \propto \exp\Big(\sum_{k \in N(j)} J_{jk} x_j m_k^t + h_j\Big)$$

のようになることがわかります．これはギブス分布の式において，x_j の周囲の変数 x_k をその期待値 m_k でおき換えたものになっています．アルゴリズムの収束後は結局

$$m_j = \tanh\Big(\sum_{k \in N(j)} J_{jk} m_k + h_j\Big) \tag{8.3}$$

が成立しますこれは**自己整合性方程式 (self consistency equation)** と呼ばれます．

8.3　平均場近似と関連手法

　ベーテ近似 (確率伝搬法) と平均場近似は適している場面が異なります．ベーテ近似は木でのアルゴリズムから派生した近似手法なので，サイクルの影響の少ない場合に近似の精度がよくなります．たとえばサイクルの個数が少なかったり，短いサイクルがない場合が該当します．一方，平均場近似は周囲からの影響がその平均の周りでばらつかないような場合に効果を発揮します．グラフ構造としては，頂点の次数が高く，完全グラフに近いものが該当します．

　平均場近似では式 (8.1) のような，完全に積に分かれる形を仮定しましたが，ここまで完全に積に分かれなくても，各因子の関数に対して周辺化の計算が可能であれば同様のアルゴリズムが実行できます．このようなアプローチは**構造付き平均場近似 (structured mean field approximation)** と呼ばれます[24]．

8.4 周辺確率分布の計算 サンプリングによる方法

　第6章，第7章，本章と3つの章にわたって周辺確率分布の計算方法について解説しました．本書では詳しく解説しませんが，これ以外にもサンプリングを用いた方法があり，広く用いられています．

　サンプリングによる方法の基本的なアイディアとしては，確率分布 $P(x)$ に従う独立なサンプルが $x^{(1)}, x^{(2)}, \ldots, x^{(N)}$ のように得られているときに，

$$P(X = x) \approx \frac{|\{n|x^{(n)} = x\}|}{N}$$

となることを用います．この近似は，N が大きくなるにつれて等号に近づきます．これにより，たくさんの独立なサンプルから確率が近似計算ができます．

　最も簡単なのは，観測のないベイジアンネットワークの場合です．有向非巡回グラフのトポロジカルオーダーに従って順にサンプリングを行っていけば，頂点 i でのサンプルは，その周辺確率分布に従います．この方法は**先祖からのサンプリング (ancestral sampling)** と呼ばれます．

　一方，因子グラフ型モデルの場合は**ギブスサンプリング (Gibbs sampling)** と呼ばれる手法を使って，確率分布に従うサンプルを近似的に得ることができます．ギブスサンプリングの詳細については，たとえば文献 [5] を参照してください．

Chapter 9

グラフィカルモデルの学習1.：隠れ変数のないモデル

> ここからは，グラフィカルモデルのパラメタを学習する方法について解説します．本章では，グラフィカルモデルのすべての変数が観測される場合について扱います．

　ここまでは，グラフィカルモデルが具体的に1つ与えられたもとで，その確率を計算する方法について解説してきました．ここからは，データからグラフィカルモデルを求める方法について解説します．

　ただし，背後にあるグラフの構造は既知とします．この場合，グラフィカルモデルを因子分解したときに現れる関数を学習する問題に帰着します．これらの関数は何らかのパラメタ付けがなされていることが多いので，本書ではこのようなタスクをグラフィカルモデルの**パラメタ学習** (parameter learning) と呼びます．一方，グラフ自体も学習するタスクは，**構造学習** (structure learning) と呼ばれます．

　本章では，グラフィカルモデルの全変数がデータとして観測される場合に，パラメタを学習を行う方法について解説します．グラフ上の一部の頂点の値が観測されない場合については次章で議論します．

　一般に，データから確率モデル $p_\theta(x)$ を学習する最も基本的な方法は**最尤推定法** (maximum likelihood estimation) です．観測デー

$x^{(1)}, x^{(2)}, \ldots, x^{(N)}$ に対して，対数尤度関数

$$\ell(\theta) := \sum_{n=1}^{N} \log p_\theta(x^{(n)}) \tag{9.1}$$

を最大にする $\hat{\theta}_{ML}$ によって，パラメタ θ を決定します．この方法は確率モデルに関する正則性条件のもとで，**一致性 (consistency)** が成り立つことが知られています．すなわち，データ $x^{(1)}, \ldots, x^{(N)}$ が $p_{\theta_0}(x)$ から独立同分布で得られているとき，

$$\hat{\theta}_{ML} \to \theta_0 \quad (N \to \infty)$$

が成立します[*1]．最尤推定法のよさは，その一致性や漸近有効性などによって説明されます．本章でも主に最尤推定法による学習を議論します．

9.1 ベイジアンネットワークの学習

一般にベイジアンネットワークの確率は，条件付き確率の積の形で表されるのでした．ベイジアンネットワークのパラメタ学習の問題では，この条件付き確率をデータから求めることになります．

9.1.1 最尤法による学習

ベイジアンネットワークのパラメタ族が

$$p_\theta(x) = \prod_{i \in V} p_{\theta_i}(x_i | x_{\mathrm{pa}(i)})$$

という形で与えられているとします．つまり，各条件付き確率ごとにパラメタ θ_i が割り当てられています．このとき，観測データ $\{x^{(n)}\}_{n=1,\ldots,N}$ に対する対数尤度関数は以下のようになります．

$$\ell(\theta) = \sum_{n=1}^{N} \sum_{i \in V} \log p_{\theta_i}(x_i^{(n)} | x_{\mathrm{pa}(i)}^{(n)})$$

これは足し算の順序を変えることにより，

[*1] この収束の正確な定義や証明は，たとえば文献 [14] にあります．

$$\ell_i(\theta_i) = \sum_n \log p_{\theta_i}(x_i^{(n)}|x_{\mathrm{pa}(i)}^{(n)}) \tag{9.2}$$

の和になります.よって最尤推定法は,各 i について式 (9.2) を最大にする $\hat{\theta}_{i,ML}$ を求めることになります.各 i ごとに解くことができるので,比較的容易に扱うことができます.各頂点 i ごとに,教師データ $\{(x_{\mathrm{pa}(i)}^{(n)}, x_i^{(n)})\}$ をモデル $\log p_\theta(x|x')$ で学習するという,教師あり学習の問題になっているともいえます.これはベイジアンネットワークのパラメタ学習の著しい特徴になります.

例として,ベイジアンネットワークのすべての頂点が離散確率変数で,パラメタ θ_i がその条件付き確率テーブルそのものであるケースを考えてみましょう[*2].この場合,最尤法によって定まる確率値は,データの場合の数で決まります.すなわち,$N_y = |\{n|x_{\mathrm{pa}(i)}^{(n)} = y\}|, N_{x,y} = |\{n|x_i^{(n)} = x \text{ and } x_{\mathrm{pa}(i)}^{(n)} = y\}|$ として,

$$p_{\hat{\theta}_{ML}}(x_i = x | x_{\mathrm{pa}(i)} = y) = \frac{N_{x,y}}{N_y} \tag{9.3}$$

となります.

9.1.2 ベイズ法による学習

式 (9.3) のようにしてデータから条件付き確率のテーブルを決める方法の問題点は,頂点 i の親の頂点数に関して指数的に,条件付けする場合の数が増えてしまうことです.よって,データ数 N が不十分な場合,式 (9.3) の右辺の分母が 0 もしくは小さな値になるケースが多くなってしまいます.

1 つの対処方法は最尤推定法ではなくベイズ推定法を使うことです.頂点 i の確率テーブルの事前分布として,パラメタ $\boldsymbol{\alpha} = (\alpha_1, \ldots, \alpha_K)$ のディリクレ分布

$$\pi_i(\theta) = \frac{1}{\mathrm{B}(\boldsymbol{\alpha})} \prod_{x=1}^K \theta_x^{\alpha_x - 1}$$

を考えましょう[*3].ここで,K は確率変数 X_i の状態数であり,

[*2] パラメタ θ_i の値のとる範囲は,$\{\{\theta_{x,y}\} | \theta_{x,y} \leq 0, \sum_x \theta_{x,y} = 1\}$ となります.
[*3] 確率テーブルに対する事前確率分布の入れ方にはさまざまなものがあります.ここでは,頂点 i の確率テーブルはすべて共通の事前分布から得られるというモデルで計算しています.

$$\mathrm{B}(\boldsymbol{\alpha}) = \frac{\prod_{x=1}^{K} \Gamma(\alpha_x)}{\Gamma(\sum_{x=1}^{K} \alpha_x)}$$

は規格化定数です (計算の詳細は文献 [31] にあります).

データ $\{x^{(n)}\}_{n=1,\ldots,N}$ を観測した後での,θ の確率分布 (事後分布) は,パラメタ $\boldsymbol{\alpha}' = (N_1 + \alpha_1, \ldots, N_K + \alpha_K)$ のディリクレ分布になります.このように,事後分布の計算が簡単にできるのがディリクレ分布を使う利点です.事後分布の確率値を最大にする $\hat{\theta}_{MAP}$ をとる場合は

$$p_{\hat{\theta}_{MAP}}(x_i = x | \mathrm{pa}(x_i) = y) = \frac{N_{x,y} + \alpha_x - 1}{N_y + \sum_x (\alpha_x - 1)}$$

となります.これは,**MAP 推定量** (maximum a posterior estimator) と呼ばれます.一方,事後分布の期待値 $\hat{\theta}_{EAP}$ は

$$p_{\hat{\theta}_{EAP}}(x_i = x | \mathrm{pa}(x_i) = y) = \frac{N_{x,y} + \alpha_x}{N_y + \sum_x \alpha_x}$$

となります.これは,**EAP 推定量** (expected a posterior estimator) と呼ばれます.このようにして,有向非巡回グラフの頂点 i ごとに,条件付き確率テーブルが学習されます.

最後に事前分布のハイパーパラメタ $\boldsymbol{\alpha}$ を決める方法を補足しておきます.経験ベイズの方法では,パラメタ θ を周辺化し,データの確率を最大にするようにハイパーパラメタを決めます.今回の例では,

$$\sum_y [\log \mathrm{B}(\boldsymbol{\alpha} + N_{\cdot,y}) - \log \mathrm{B}(\boldsymbol{\alpha})]$$

を最大にするように $\boldsymbol{\alpha}$ を定めます.

9.2 因子グラフ型モデルの学習: 基本

次に,因子グラフ型モデルのパラメタをデータから学習しましょう[*4].ベイジアンネットワークではモデルパラメタの最適化が各頂点ごとに行うことができましたが,因子グラフ型のモデルの場合にはそのようにはいかないという難しさがあります.

[*4] マルコフ確率場の学習はこのケースに含まれます.

以下では，因子グラフ型モデルの各因子関数は対数線形モデルとしてパラメタ付けられているとします．すなわち，

$$\Psi_\alpha(x_\alpha|\theta_\alpha) = \exp(\langle \theta_\alpha, T_\alpha(x_\alpha)\rangle) \tag{9.4}$$

のように書かれているものとします．$T_\alpha(x_\alpha)$ は十分統計量と呼ばれます．ここで，$\langle \cdot, \cdot \rangle$ はベクトルの内積です．

たとえば，離散状態の場合やガウス型の場合の因子関数はこの形で書くことができます．離散状態の場合，

$$\log \Psi_\alpha(x_\alpha|\theta_\alpha) = \sum_{\bar{x}_\alpha} \theta_{\alpha;\bar{x}_\alpha} \delta_{\bar{x}_\alpha}(x_\alpha) \tag{9.5}$$

のようにパラメタ付けることができます[*5]．ここで，$\delta_{\bar{x}}(x)$ は $x = \bar{x}$ のとき 1 で，それ以外では 0 になる関数です．また，ガウス型の場合は，

$$\log \Psi_\alpha(x_\alpha|\theta) = x_\alpha^T J_\alpha x_\alpha + h_\alpha x_\alpha$$

のように書くことができます．

9.2.1 学習の定式化

観測データ $x^{(1)}, ..., x^{(N)}$ では，グラフィカルモデル上のすべての変数が観測されているので，$x^{(n)} = \{x_i^{(n)}\}_{i \in V}$ となります．ここでも最尤推定法によって，パラメタを学習することを考えましょう．対数尤度関数 (9.1) において，

$$\log p(x|\theta) = \sum_{\alpha \in F} \log \Psi_\alpha(x_\alpha|\theta) - \log Z(\theta) \tag{9.6}$$

となっています．

観測データの尤度を増やすには，θ を最適化して，上記の第 1 項を増やせばよいと考えられます．しかしそれだけでは，観測されていないデータに対しても値が増えてしまう可能性があります．第 2 項も考えて最適な θ を選ぶことで，観測されたデータに対して相対的に高い確率が割り当てられます．このように，対数尤度関数の θ に関する依存性が各因子ごとに分解できないことが最適な θ を求めることを難しくしています．

[*5] ここでの十分統計量のとり方は，過完備になっています．過完備なとり方は常に極小なものに直すことができます．詳細は定義 C.2 を参照してください．

今考えているモデルは指数型分布族なので，尤度関数は凹関数になっています[*6]．よって，原理的には勾配法によって最適な θ を求めることができます．

まず微分の式を計算してみると，以下のようになります．

$$\frac{\partial}{\partial \theta_\alpha} \frac{1}{N} \sum_{n=1}^{N} \log p(x^{(n)}|\theta) = \frac{1}{N} \sum_{n=1}^{N} T_\alpha(x_\alpha^{(n)}) - \mathrm{E}_\theta[T_\alpha(x_\alpha)] \tag{9.7}$$

ここで，$\mathrm{E}_\theta[\cdot]$ は，$p(\cdot|\theta)$ に関する期待値です．要するに，$T_\alpha(x_\alpha)$ の経験分布に関する期待値と，モデル分布に関する期待値が一致するように，θ を決めることになります[*7]．この期待値の計算に前章で議論した周辺確率分布の計算が必要になってきます．

たとえば，離散変数のときには，十分統計量を式 (9.5) のようにとれば最適な θ の満たすべき条件は

$$\frac{|\{n|x_\alpha^{(n)} = \bar{x}_\alpha\}|}{N} = p(\bar{x}_\alpha|\theta)$$

と書けます．すなわち，各因子 α について，経験分布とモデルの周辺確率分布が一致するように θ を決めることになります．

9.2.2　IPF アルゴリズムによる最尤推定

一般に，多変数関数 $f(\theta_1, \ldots, \theta_d)$ が与えられたとき，各座標についての最小化を繰り返す手法を**座標降下法** (coordinate descent method) といいます．順に i を選び，変数 $\theta_j (j \neq i)$ を固定した状態で，θ_i について最小化します．

IPF アルゴリズム (Iterative Propotional Fitting algorithm) は座標降下法の一種で，離散状態変数のモデルの場合において，対数尤度関数を各 θ_α ごとに最大化していく手法です[*8]．

式 (9.7) より，θ_α 方向の微分が消えるように θ_α を更新するには，$\theta_\alpha^{(t+1)} = \theta_\alpha^{(t)} + \delta\theta_\alpha$ として，

[*6] 付録 C 参照．
[*7] 因子グラフ型モデルに限らず，一般に指数型分布族の最尤推定では，このような決め方になります．
[*8] 離散状態変数とは限らない場合は **Generalized Iterative Scaling** アルゴリズムとして知られています．

$$\mathrm{E}_{\hat{p}_\alpha}[T_\alpha(x_\alpha)] = \sum_{x_\alpha} T_\alpha(x_\alpha) e^{\langle \delta\theta_\alpha, T_\alpha(x_\alpha)\rangle - C} p_\alpha(x_\alpha|\theta^{(t)})$$

を満たすようにとればよいことがわかります．ただしここで，$\hat{p}_\alpha$ は経験分布で，C はある定数です．

離散状態の因子関数 $T_\alpha(x_\alpha) = \delta_z(x_\alpha)$ の場合にはこの更新式は以下のようなわかりやすい式になります：

$$\delta\theta_{\alpha;z} = \log \frac{\hat{p}_\alpha(z)}{p_\alpha(z|\theta^{(t)})} \tag{9.8}$$

ただし，ここで $\theta_{\alpha;z}$ で定数 C を足しても定める確率分布は変わらないことを用いました*9．以上をまとめるとアルゴリズム 9.1 を得ます．

アルゴリズム 9.1 IPF アルゴリズム

$t = 1, 2, \ldots$ で以下を繰り返す．

1. すべての $\alpha \in F$ に対して，$\theta_\alpha^{(t)}$ を以下のように更新する．

$$\Psi_{\theta_\alpha^{(t+1)}}(x_\alpha) = \Psi_{\theta_\alpha^{(t)}}(x_\alpha) \frac{\hat{p}_\alpha(z)}{p_\alpha(z|\theta^{(t)})} \tag{9.9}$$

2. もしすべての $\alpha \in F$ で $\theta_\alpha^{(t)}$ の更新量が十分に小さければ終了．

このとき，α を循環的に選んでいけば，$\theta^{(t)}$ は対数尤度関数を最大にする最適解 θ^* に収束します*10．

更新式 (9.9) からわかるとおり，IPF は経験分布とモデル分布のギャップがなくなるまで更新を繰り返します．このアルゴリズムの問題は，一般にモデル周辺確率分布 p_α が計算できないことにあります．以降の節では，より現実的な計算量でパラメタ学習するための近似手法についてみて行きましょう．

---

*9 このように，θ のとり方には任意性があります．式 (9.8) のようなとり方をすると，実は $Z(\theta^{(t+1)}) = Z(\theta^{(t)})$ になっています．

*10 一般に，凸関数に対して，循環的に座標軸を選んで座標降下法を行うと，最適解に収束することが知られています[33]．

9.3 因子グラフ型モデルの学習: 変分法による近似

ここまでで，各因子ごとの十分統計量の期待値 (周辺確率分布) の計算がパラメタ学習のネックになることをみました．これは $\log Z(\theta)$ の微分なので，$\log Z(\theta)$ を正確に計算できないことがネックであるともいえます．

この節では，変分法の立場からパラメタ学習の計算を近似的に行う方法を説明します．対数尤度が式 (9.6) のように書けることをふまえると，もし何らかの関数 $\tilde{Z}(\theta)$ が存在して，$\log Z(\theta) \leq \log \tilde{Z}(\theta)$ を満たすとすれば，

$$\tilde{\ell}(\theta) := \frac{1}{N} \sum_n \sum_{\alpha \in F} \langle \theta_\alpha, T_\alpha(x_\alpha^{(n)}) \rangle - \log \tilde{Z}(\theta)$$

は対数尤度関数の下界 (lower bound) となります．この下界を最大化することによって，θ の学習を行うのが変分近似の基本的なアイディアです．下界を最大化する θ^* は，もとの対数尤度関数の値がそれ以上であることを保証します．

9.3.1 分配関数とエントロピー関数の上界

分配関数 $\log Z(\theta)$ の上界を系統的に得る方法を考えましょう．指数型分布族においては，分配関数は負のエントロピー関数の Fenchel 双対になります．そのことから，

$$\log Z(\theta) = \max_{\mu \in \mathbb{M}} \left[\sum_{\alpha \in F} \langle \theta_\alpha, \mu_\alpha \rangle + H(\mu) \right] \tag{9.10}$$

が成立します．ただしここで，$\mathbb{M}$ は期待値パラメタの集合で，H はエントロピー関数です[*11]．よって，エントロピー関数の上界を 1 つ求めることによって，分配関数の上界を 1 つ得ることができます．

[*11] 詳しくは付録 C を参照してください．式 (9.10) は，式 (C.4) に対応します．本書では，一般的に期待値パラメタを表すときは μ という記号を，特に周辺確率分布に相当するとり方をする場合は b という記号を使っています．

9.3.2 分配関数の TRW 上界
A) TRW 上界の導出

エントロピー関数の上界から導かれる分配関数の上界の1つとして，**TRW 上界 (tree re-weighted upper bound)** を導出しましょう．

まず記号の準備をします．F' を因子集合 F の部分集合であるとするとき，パラメタ $b = \{b_\alpha\}_{\alpha \in F}$ に対して，$b_{|F'} = \{b_\alpha\}_{\alpha \in F'}$ と定義します．$\log Z(\theta)$ で，

$$\theta_\alpha = \begin{cases} \theta_\alpha & \alpha \in F' \text{ の場合} \\ 0 & \text{その他の場合} \end{cases}$$

とすると，$\log Z(\theta)$ は $\theta_{|F'}$ の関数とみることができます．この Fenchel 双対を $H_{F'}$ を書くことにします．このとき，以下の不等式が成立します．

> **補題 9.1（部分グラフのエントロピー関数）**
>
> $F' \subset F$ に対し，
> $$H(b) \leq H_{F'}(b_{|F'})$$
> が成立する．

証明．

$$\begin{aligned}
-H(b) &= \max_{\theta \in \Theta}[\langle \theta, b \rangle - \log Z(\theta)] \\
&\geq \max\{\langle \theta, b \rangle - \log Z(\theta) | \theta_\alpha = 0 \text{ for } \alpha \notin F'\} \\
&= -H_{F'}(b_{|F'})
\end{aligned}$$

□

> **定義 9.1（エントロピー関数の TRW 上界）**
>
> $\mathcal{T}$ を，因子集合 F の部分集合族とし，任意の $F' \in \mathcal{T}$ が木であるとする．ρ を $\mathcal{T}$ 上の，足して 1 になる正の重み係数とする．すなわち，$\rho(F') \geq 0$ で，
> $$\sum_{F' \in \mathcal{T}} \rho(F') = 1 \tag{9.11}$$
> が成立しているものとする．
>
> このとき，
> $$H_{\text{TRW}}(b; \rho) := \sum_{F' \in \mathcal{T}} \rho(F') H_{F'}(b_{|F'}) \tag{9.12}$$
> と定義する．

定義より明らかに，$H(b) \leq H_{\text{TRW}}(b; \rho)$ が成立します．すなわち，H_{TRW} はエントロピー関数の上界になっています．また，H_{TRW} は b に関して凹関数になっています．

また，$F' \in \mathcal{T}$ の定める超グラフが木構造であることから，
$$H_{F'}(b_{|F'}) = \sum_{i \in V} H_i(b_i) - \sum_{\alpha \in F'} I_\alpha(b_\alpha)$$
と書き直せることがわかります．ただし，H_i は頂点 i の確率分布のエントロピー，I_α は因子 α の確率分布の相互情報量

$$H_i(b_i) = -\sum_{x_i} b_i(x_i) \log b_i(x_i)$$
$$I_\alpha(b_\alpha) = \sum_{x_\alpha} b_\alpha(x_\alpha) \log \left(\frac{b_\alpha(x_\alpha)}{\prod_{i \in V} b_i(x_i)} \right)$$

とおきました．よって，式 (9.12) は $\rho_\alpha := \sum_{F' \ni \alpha} \rho(F')$ を用いて

$$H_{\text{TRW}}(b; \rho) = \sum_{i \in V} H_i(b_i) - \sum_\alpha \rho_\alpha I_\alpha(b_\alpha) \tag{9.13}$$

と書けることがわかります．

式 (9.13) の第 2 項で，形式的に $\rho_\alpha = 1$ とおくと，これはベーテエントロピー関数に一致することがわかります．ベーテエントロピー関数は，b に関して凹関数とは限りませんが，係数 ρ_α を掛けることで非凹性を弱め，凹関数になるようにしたものが TRW エントロピー関数であるとみることもできます．

これから，分配関数の TRW 上界

$$\log Z_{\mathrm{TRW}}(\theta; \rho) := \max_{b \in \mathbb{L}(G)} \left[\langle \theta, b \rangle + H_{\mathrm{TRW}}(b; \rho) \right] \tag{9.14}$$

が得られます[*12]．導出より，これは凸関数であり，$\log Z(\theta) \leq \log Z_{\mathrm{TRW}}(\theta; \rho)$ が成立します．

B) TRW 自由エネルギー関数の最適化

$\tilde{\ell}(\theta)$ を最大化するパラメタについて議論する前に，式 (9.14) の右辺を最大にする b について考えましょう．これは形式的に $\rho_\alpha = 1$ であるとすると，ベーテ自由エネルギーの最小化問題の式になります[*13]．このことからわかるとおり，定理 7.1 と同様にして，メッセージ伝搬アルゴリズムによって解くことができます．

変分を計算すると，メッセージを $m_{\alpha \to i}$ として，

$$b_i(x_i) \propto \prod_{\alpha \ni i} m_{\alpha \to i}^{\rho_\alpha}(x_i) \tag{9.15}$$

$$b_\alpha(x_\alpha) \propto \Psi_\alpha(x_\alpha)^{1/\rho_\alpha} \prod_{j \in \alpha} m_{\alpha \to j}^{\rho_\alpha - 1} \prod_{\beta \ni i, \beta \neq \alpha} m_{\beta \to j}^{\rho_\beta}(x_i) \tag{9.16}$$

とすればよいことがわかります．収束解では，整合性条件 $b_i(x_i) = \sum_{x_{\alpha \setminus i}} b_\alpha(x_\alpha)$ が成り立ちます．式 (9.15),(9.16) より，

$$\prod_\alpha \Psi_\alpha(x_\alpha) \propto \prod_{i \in V} b_i(x_i) \prod_{\alpha \in F} \left(\frac{b_\alpha(x_\alpha)}{\prod_{j \in \alpha} b_j(x_j)} \right)^{\rho_\alpha} \tag{9.17}$$

が成り立つことも容易に確認できます．

[*12] $\log Z(\theta)$ は凸関数なので，イェンセンの不等式から上界を得るというアプローチも考えられるかもしれません．しかし，式 (9.14) の方がタイトな上界になります．

[*13] 上述の ρ の定義のもとでは，すべての α に対して $\rho_\alpha = 1$ を満たすようにとることはできません．その意味で，「形式的に」といっています．

C) TRW 上界によるパラメタ推定

TRW 上界のもとで，$\tilde{\ell}(\theta)$ を最大化するパラメタ θ^* は以下を満たすように決まります．

> **定理 9.2（TRW 上界で近似した場合の最適 θ）**
>
> $\theta^* = \mathrm{argmax}\,\tilde{\ell}(\theta)$ は以下の条件から決まる．
>
> $$\prod_{\alpha \in F} \Psi_\alpha(x_\alpha | \theta_\alpha^*) \propto \prod_{i \in V} \hat{p}_i(x_i) \prod_{\alpha \in F} \left(\frac{\hat{p}_\alpha(x_\alpha)}{\prod_{i \in \alpha} \hat{p}_i(x_i)} \right)^{\rho_\alpha} \quad (9.18)$$
>
> ただしここで，$\hat{p}$ はデータからの経験分布である．

よって，局所的な経験分布 $\{\hat{p}_\alpha, \hat{p}_i\}$ が計算できていれば，式 (9.18) から θ^* が容易に計算できます．

証明．

まず，経験分布による期待値パラメタを $\hat{b}$ とし，$-H_{\mathrm{TRW}}(\hat{b})$ と $\log Z_{\mathrm{TRW}}(\hat{\theta})$ の Fenchel 双対性に関する $\hat{b}$ の双対変数を $\hat{\theta}$ とおく．Fenchel 双対の一般的な性質より，

$$\tilde{\ell}(\theta) = \sum_{\alpha \in F} \langle \theta_\alpha, \hat{b}_\alpha \rangle - \log Z_{\mathrm{TRW}}(\theta) \leq \tilde{\ell}(\hat{\theta})$$

が成立する．よって，$\tilde{\ell}(\theta)$ の最大は $\hat{\theta}$ で達成され，$\theta^* = \hat{\theta}$ がわかる．

一方，式 (9.14) を $\theta = \hat{\theta}$ で考えたとき，右辺の max は $\hat{b}$ で達成される．よって，式 (9.17) より，

$$\frac{1}{C} \prod_{\alpha \in F} \Psi_\alpha(x_\alpha | \hat{\theta}_\alpha) = \prod_{i \in V} \hat{p}_i(x_i) \prod_{\alpha \in F} \left(\frac{\hat{p}_\alpha(x_\alpha)}{\prod_{i \in \alpha} \hat{p}_i(x_i)} \right)^{\rho_\alpha} \quad (9.19)$$

が成立し，主張が示された．

ちなみに，式 (9.19) の両辺の対数をとって経験分布で期待値をとると，

$$\sum_{\alpha \in F} \langle \hat{\theta}_\alpha, \hat{b}_\alpha \rangle = -H_{\mathrm{TRW}}(\hat{b}) + \log C$$

を得るので，$Z_{\mathrm{TRW}}(\hat{\theta}) = C$ であることがわかる． □

9.3.3 ベーテ近似

ここまでは，対数尤度関数の下界を使って，近似的に学習を行う方法をみました．この方法で得られた θ^* は対数尤度関数の値が，計算された下界の値よりも大きいことが保証されます．

このような保証のない，よりヒューリスティックな方法としては，エントロピー関数をベーテエントロピー関数でおき換えてしまう方法がよく用いられます．これは，式 (9.13) で $\rho_\alpha = 1$ とおくことに相当します．この近似のもとで学習されるパラメタ θ^* は，式 (9.18) と同様に，

$$\prod_{\alpha \in F} \Psi_\alpha(x_\alpha|\theta^*_\alpha) \propto \prod_{i \in V} \hat{p}_i(x_i) \prod_{\alpha \in F} \left(\frac{\hat{p}_\alpha(x_\alpha)}{\prod_{i \in \alpha} \hat{p}_i(x_i)} \right) \tag{9.20}$$

から決まります．すなわち，経験周辺分布関数がモデルのベーテ近似になるように，モデルパラメタを決定することに相当します．

菊池近似を用いる場合も同様の関係式 (7.12) から，パラメタを決定することができます．

9.4 擬尤度関数による学習

ここまでは主に最尤法の学習を (近似的に) 行う方法について議論してきました．しかしまったく別のアプローチとして，**擬尤度関数 (pseudo likelihood function)** と呼ばれる量を最適化する方法があります．この方法には，計算量は少なくて済むメリットがある代わりに，より多くのデータを必要とするというデメリットがあります．

因子グラフ型モデルが因子グラフ (V, F) によって与えられているとき，そのマルコフ確率場のグラフ (V, E) は，

$$ij \in E \Leftrightarrow i,j \in \alpha \text{ となるような } \alpha \in F \text{ が存在する}$$

によって定められるのでした．$N(i)$ をマルコフ確率場での頂点 i の近傍とします．局所マルコフ性より，データ $x_i^{(n)}$ はその近傍 $x_{N(i)}^{(n)}$ から確率的に決まります．この条件付き確率は，確率関数が因子関数に関して積に分解していることから，

$$p_\theta(x_i|x_{N(i)}) = \frac{\prod_{\alpha \ni i} \Psi_\alpha(x_\alpha)}{\sum_{x_i} \prod_{\alpha \ni i} \Psi_\alpha(x_\alpha)} \tag{9.21}$$

のように書き下すことができます．この条件付き確率に対して最尤法を使うことにより，データから $\{\theta_\alpha\}_{\alpha \ni i}$ が学習できることがわかります．

擬対数尤度関数は，$i \in V$ に関してすべて足した

$$\ell^{PL}(\theta) = \frac{1}{N} \sum_{n=1}^{N} \sum_{i \in V} \log p_\theta(x_i^{(n)}|x_{N(i)}^{(n)})$$

によって，定義されます．この関数を最大にする $\hat{\theta}_{PL}$ をパラメタの推定量として使う方法を擬最尤推定法 といいます．

擬最尤推定量は一致性があることが知られています[17]．ただしデータ数が N のとき，擬最尤推定量は最尤推定量よりもパラメタ推定の精度が悪いことが知られています．

擬最尤推定法の大きな利点は，計算が比較的容易なことです．式 (9.21) の計算には，頂点 i の近傍の因子関数のみが関わり，全体の分配関数の計算を必要としません．1 つのパラメタの成分は，擬対数尤度関数の複数の項に含まれるので，最適化は自明ではありませんが，平均をとるなどの手法でコンセンサスをとる方法が知られています[16]．

Chapter 10

グラフィカルモデルの学習 2.：隠れ変数のあるモデル

本章では，隠れ変数のあるグラフィカルモデルのパラメタを学習する方法について解説します．

10.1 問題設定と定式化

本章では，グラフィカルモデルの頂点の変数のうち，一部のみがデータとして観測されているような状況を考えます．このような問題設定は，**隠れ変数 (hidden variable, latent variable)** のあるモデルの学習と呼ばれます．

式を用いて状況を正確に記述してみましょう．因子グラフ (V, F) の頂点集合が，$V = V_O \cup V_H$ のように分割されているとし，V_O 上の変数は x，V_H 上の変数は z と書くことにします．よって，因子グラフ型モデルは，

$$p(x, z|\theta) = \frac{1}{Z} \prod_\alpha \Psi_\alpha(x_\alpha, z_\alpha | \theta_\alpha)$$

という形で書くことができます．前章に引き続き，以下では因子関数は対数線形型

$$\Psi_\alpha(x_\alpha, z_\alpha | \theta_\alpha) = \exp(\langle \theta_\alpha, T_\alpha(x_\alpha, z_\alpha) \rangle)$$

を仮定します.

観測データとしては，V_O の部分のみが $x^{(1)}, \ldots, x^{(N)}$ として与えられます．最尤法で学習する場合，対数尤度関数

$$\ell(\theta) = \sum_n \log p(x^{(n)}|\theta) = \sum_n \log \left(\sum_z p(x^{(n)}, z|\theta) \right)$$

を θ に関して最大化することになります．隠れ変数のない場合は，対数尤度関数の最適化問題は凸であり最適解は1つしかありませんでした．しかし，隠れ変数のある場合は凸ではなく，沢山の局所解をもち得ます．直感的には，観測をある程度よく説明するような隠れ変数のパターンがたくさんあることに対応しています．

このような隠れ変数のある問題設定は，ベイズ型の確率モデルを用いる場合にも現れます．この場合，モデルパラメタが隠れ変数となります．

10.1.1 対数尤度関数の微分

まず，$\ell(\theta)$ を θ に関して微分してみましょう．計算すると，

$$\begin{aligned}\frac{\partial \ell(\theta)}{\partial \theta} &= \sum_n \frac{1}{\sum_z p(x^{(n)}, z|\theta)} \sum_z \frac{\partial p}{\partial \theta}(x^{(n)}, z|\theta) \\ &= \sum_n \sum_z p(z|x^{(n)}, \theta) \frac{\partial}{\partial \theta} \log p(x^{(n)}, z|\theta)\end{aligned} \quad (10.1)$$

がわかります．因子関数が対数線形であることを使うと，

$$\frac{1}{N} \frac{\partial \ell(\theta)}{\partial \theta_\alpha} = \frac{1}{N} \left[\sum_n \sum_z p(z_\alpha|x^{(n)}, \theta) T_\alpha(x_\alpha^{(n)}, z_\alpha) \right] - \mathrm{E}_\theta[T_\alpha(x_\alpha, z_\alpha)] \quad (10.2)$$

となります．

この式は，観測 x のもとでの十分統計量の期待値と，モデルのもとでの十分統計量の期待値が一致することを要請しています．隠れがない場合の式 (9.7) と比較すると，観測されていない z 部分を確率モデルで補っている形になっています．

式 (10.2) の第1項を計算するには，サンプル $x^{(n)}$ ごとに条件付き確率分布 $p(z|x)$ を計算し，すべての z について足し上げる必要があります．これが

現実的な時間で実行できるためには，隠れ変数の個数が非常に少ない，モデルが木構造になっている，条件付き確率が解析的に計算できるなど，特別な事情が必要になります．

式 (10.2) の第2項についても，前章で議論したとおり分配関数の計算が難しいので，何らかの近似が必要となります．ただしこの項の計算量は，第1項とは異なり，サンプル数 N には比例しません．

微分の計算ができれば，共役勾配法や準ニュートン法などの手法を使って $\ell(\theta)$ を最適化することができます．以下ではパラメタ推定をより効率的に近似する方法について議論します．

10.2 変分下界と変分的 EM アルゴリズム

この節では，対数尤度関数の代わりに，その下界を最適化する方法を解説します．この方法は，グラフィカルモデルに限らず，確率モデル一般に対してよく用いられるものです[*1]．

10.2.1 準備: KL ダイバージェンス

変分下界の導出の前に，1つだけ準備をしておきます．集合 $\mathcal{Z}$ 上の確率分布関数 $q(z), q(z')$ に対して，その **KL ダイバージェンス** (**KullbackLeibler divergence**, **KL-divergence**) とは，

$$KL(q||q') := \sum_z q(z) \log(\frac{q(z)}{q'(z)})$$

で定義される量です．これは，関数 $-\log x$ の凸性と，イェンセンの不等式より，正値性

$$KL(q||q') = -\sum_z q(z) \log(\frac{q'(z)}{q(z)}) \geq -\log(\sum_z q(z) \frac{q'(z)}{q(z)}) = 0$$

がいえます．等号成立は $q(z) = q'(z)$ が任意の $z \in \mathcal{Z}$ で成立するときに限ります．

[*1] ベイズ法において，パラメタを隠れ変数とおいて，この下界を用いる場合，変分ベイズ法と呼ばれます．

10.2.2 変分下界の導出と最適化

> **定義 10.1（変分下界）**
>
> 確率モデル $\{p(x,z|\theta)\}_\theta$ が与えられているとする．任意の x，Z 上の確率分布 $q(z)$，パラメタ θ に対して
>
> $$\mathcal{L}(x;q,\theta) := \sum_z q(z)\log p(x,z|\theta) - \sum_z q(z)\log q(z)$$
>
> と定義する．これは，対数尤度の**変分下界**と呼ばれる．

> **定理 10.1（変分下界の公式）**
>
> 関数 $\mathcal{L}(x;q,\theta)$ は以下の等式を満たす．
>
> $$\log p(x|\theta) = \mathcal{L}(x;q,\theta) + KL(q||p(\cdot|x,\theta))$$
>
> よって特に，
>
> $$\log p(x|\theta) \geq \mathcal{L}(x;q,\theta)$$
>
> が成り立つ．ただし，等号成立は $q(z) = p(z|x,\theta)$ のとき．

証明．

条件付き確率の定義より，$\log p(x|\theta) = \log p(x,z|\theta) - \log p(z|x,\theta)$ が成り立つことに注意する．任意の確率分布 q に対して平均すると，

$$\begin{aligned}\log p(x|\theta) &= \sum_z q(z)\log p(x,z|\theta) - \sum_z q(z)\log p(z|x,\theta) \\ &= \sum_z q(z)\log p(x,z|\theta) - \sum_z q(z)\log q(z) + KL(q||p(\cdot|x,\theta))\end{aligned}$$

が成立する． □

この下界を観測データに関して足し上げると，対数尤度関数の下界を得ます．すなわち，

$$\mathcal{L}(q,\theta) := \sum_n \mathcal{L}(x^{(n)};q,\theta)$$

とおくと，$\ell(\theta) \geq \mathcal{L}(q,\theta)$ が成立します．

10.2.3 変分的 EM アルゴリズム

q と θ に関して交互に最適化していくことで，関数 $\mathcal{L}$ の値は単調に増加していきます：

$$\mathcal{L}(q_0,\theta_0) \leq \mathcal{L}(q_0,\theta_1) \leq \mathcal{L}(q_1,\theta_1) \leq \mathcal{L}(q_1,\theta_2) \leq$$
$$\cdots \leq \mathcal{L}(q_t,\theta_t) \leq \mathcal{L}(q_t,\theta_{t+1}) \leq \mathcal{L}(q_{t+1},\theta_{t+1}) \leq \cdots$$

このようにして対数尤度関数の下界を最適化する方法を，**変分的 EM アルゴリズム** (variational EM algorithm) このとき，q と θ をどのような範囲で最適化するかによって，アルゴリズムに様々な変種が生じます．後述の EM アルゴリズムからのアナロジーで，q に関する最大化を**変分的 E-step**(variational E-step)，θ に関する最大化を**変分的 M-step**(variational M-step) ということもあります．

10.2.4 EM アルゴリズム

隠れ変数のあるモデルの学習する，最も古典的かつ基本的な方法が **EM アルゴリズム** (expectation maximization algorithm) です．このアルゴリズムの歴史は古く，グラフィカルモデルに限らず幅広く使われます．本節では，EM アルゴリズムを変分的 EM アルゴリズムの特別な場合として導きます．

まず Q 関数を

$$Q(\theta|\theta') := \sum_n \sum_z p_{\theta'}(z|x^{(n)}) \log p_\theta(x^{(n)},z) \tag{10.3}$$

と定義します．これは $\mathcal{L}$ 関数に，$q(z) = p_{\theta'}(z|x)$ を代入し，θ に依存しない第 2 項を捨てたものになっています．

この Q 関数を用いると，変分的 EM アルゴリズムは以下のように書き直せます．

EM アルゴリズムは，$\mathcal{L}$ 関数の q に関する最大化で，$q(z) = p_\theta(z|x)$ となるようにとるものだと理解できます．

アルゴリズム 10.1 EM アルゴリズム

$t = 1, 2, \ldots$ で以下を θ_t が収束するまで繰り返す.

(**E-step**)： $Q(\theta|\theta_t)$ を計算.
(**M-step**)： $\theta_{t+1} = \mathrm{argmax}_\theta Q(\theta|\theta_t)$

因子関数が対数線形の場合，θ に関して凹関数になり，θ に関する最大化はただ1つの解をもちます．実のところ，解析的に最大が求まるモデルも多くあります[*2]．

EM アルゴリズムによる最適化は，対数尤度関数の最適化手法として，単調増加性と局所最適性というよい性質が保証されています．それを確認しておきましょう．

性質 10.2（対数尤度の単調増加性）

EM アルゴリズムによって，θ_t $(t = 1, 2, \ldots)$ を計算するとき，$\ell(\theta_t)$ は単調に増加する.

証明．

まず，$q(z) = p_{\theta_t}(z|x)$ とすると，$\mathcal{L}$ 関数と Q 関数の定義より，

$$\mathcal{L}(q, \theta_{t+1}) - \mathcal{L}(q, \theta_t) = Q(\theta_{t+1}|\theta_t) - Q(\theta_t|\theta_t)$$

が成立する．右辺は EM アルゴリズムの更新則より正である．一方左辺は，

[*2] たとえば，混合ガウス分布モデル，観測モデルがガウス型の隠れマルコフモデル，など.

$$\mathcal{L}(q, \theta_{t+1}) - \mathcal{L}(q, \theta_t)$$
$$= \sum_n \sum_z p_{\theta_t}(z|x^{(n)}) \log \frac{p_{\theta_{t+1}}(x^{(n)}, z)}{p_{\theta_t}(x^{(n)}, z)}$$
$$= -\sum_n KL(p_{\theta_t}(\cdot|x^{(n)})|p_{\theta_{t+1}}(\cdot|x^{(n)})) + (\ell(\theta_{t+1}) - \ell(\theta_t))$$
$$\leq \ell(\theta_{t+1}) - \ell(\theta_t)$$

となる. □

性質 10.3（EM アルゴリズムの局所最適性）

θ^* を EM アルゴリズムの安定な収束解とする[3]. このとき, θ^* は尤度関数の極大である.

証明.

まず, θ^* で対数尤度関数の微分が 0 であることを確認する. θ^* が EM アルゴリズムの収束解であることより, $\theta^* = \mathrm{argmax}_\theta Q(\theta|\theta^*)$ が成立する. よって $Q(\theta|\theta^*)$ の θ に関する微分は 0 であり,

$$\sum_n \sum_z p_{\theta^*}(z|x^{(n)}) \frac{\partial}{\partial \theta} \log p_{\theta^*}(x^{(n)}, z) = 0$$

が成立する. これは $\frac{\partial \ell}{\partial \theta}(\theta^*) = 0$ という条件にほかならない.

性質 10.2 と θ^* が安定であることから, θ^* が尤度関数の極大であることもわかる. □

計算機を用いた数値計算では, 通常, 安定な解しか得られません. よって, EM アルゴリズムでは, 対数尤度関数を単調に増加させつつ, 極大を探し出しているといえます.

---

[3] θ^* が安定であるとは, 少しずらした $\theta + \delta\theta$ を初期値として計算すると, 再び θ^* に収束することをいいます.

EMアルゴリズムの Q 関数の式 (10.3) の θ に関する微分と対数尤度関数の勾配の式 (10.1) を比較すると，非常に似ていることがわかります．両手法の主な違いは，EMアルゴリズムでは，M-step の計算で最適な θ を一気に求めていることです．これが解析的に (少ない計算量で) 求められる場合，EMアルゴリズムの方が計算が少なくて済みます．

10.3 グラフィカルモデルに対する変分的 EM アルゴリズム

EMアルゴリズムは，変分的 EM アルゴリズムの $\mathcal{L}$ 関数の引数の q を完全に最大化して，$q(z) = p_\theta(z|x)$ としたものでした．しかし一般のグラフィカルモデルにおいては，この条件付き確率を計算することは計算量的に困難です[*4]

因子グラフ型モデルの場合で，$\mathcal{L}$ 関数を書き下し，変分的 EM アルゴリズムがどうなるのか考えてみましょう．

$$\begin{aligned}\mathcal{L}(x;q,\theta) &= \sum_\alpha \sum_z q(z) \log \Psi_\alpha(x_\alpha, z_\alpha) - \log Z(\theta) - \sum_z q(z) \log q(z) \\ &= \sum_\alpha \langle \theta_\alpha, \sum_{z_\alpha} q_\alpha(z_\alpha) T_\alpha(x_\alpha, z_\alpha) \rangle - \log Z(\theta) - \sum_z q(z) \log q(z)\end{aligned}$$

変分的 E-step に関しては，確率分布関数 q を何らかの形に限って考えます．解く最適化問題としては，第 7 章，第 8 章で議論したギブス自由エネルギー関数の最小化にほかなりません．変分的 M-step に関しては，隠れ変数のない場合のパラメタ学習に近いことがわかります．ただし，観測されていないデータに関しては，q に関して平均をとる必要があります．

第 8 章で議論した平均場近似は変分的 E-step に適用することができます．この場合，$\mathcal{L}$ 関数の引数の q の候補として，

$$q(z) = \prod_{i \in V_H} q_i(z_i)$$

のように積の形で書けるものを考えることになります．このような形を考えるメリットは，変分的 E-step において各 q_i を順に最適化しやすいことにあ

[*4] 条件付き確率を定義どおり計算するには z に関する足し上げが必要になります．z の状態数が少ない場合には計算できるケースもあります．

ります．今の場合，$\mathcal{L}$ 関数の q_i に依存する部分は，

$$\mathcal{L}_i(x;q,\theta) = \sum_{\alpha \ni i}\langle \theta_\alpha, \sum_{z_\alpha} \prod_{j \in \alpha} q_j(z_j) T_\alpha(x_\alpha, z_\alpha)\rangle - \sum_{z_i} q_i(z_i) \log q_i(z_i)$$

となります．

10.4 ほかの学習手法

10.4.1 サンプリングによる方法

ここまででみたとおり，隠れ変数のあるモデルの学習では，隠れ変数の確率の計算もしくは隠れ変数に関する期待値を計算することが必要になります．これをサンプリングによって代用する方法も多く知られています．

EM アルゴリズムの E-step において，隠れ変数 z に関する期待値を，m 個のサンプルの平均によって代用する方法は，**MCEM アルゴリズム (Monte Carlo EM algorithm)** と呼ばれます [18]．特に，$m=1$ の場合は**確率的 EM アルゴリズム (stochastice EM algorithm)** と呼ばれます．これらの方法は，$p(z|x,\theta)$ が直接計算できなくても，ギブスサンプリングなどでサンプルは得られる場合にも有用です．

一方，勾配ベクトルをサンプリングを用いて計算する方法としては**コントラスティブダイバージェンス法 (contrastive divergence)** が知られています．式 (10.2) の第 2 項の期待値をサンプリングでおき換えるなどして，計算量を抑えます．この方法は**制約ボルツマンマシン (Restricted Boltzmann Machine, RBM)** の学習によく用いられます．詳細は文献 [21] を参照してください．

10.4.2 Wake-sleep アルゴリズム

変分的 EM アルゴリズムに類似したアルゴリズムとして，**wake-sleep アルゴリズム**があります．これは，変分的 M-step と同様な，wake-phase と，変分的 E-step を改変したような sleep-phase から成ります．通常の変分 E-step では，$KL(q||p(\cdot|x,\theta))$ を q に関して最小化しますが，sleep-phase では KL ダイバージェンスの引数の順序を入れ替えたもの

$$KL(p(\cdot|x,\theta)||q)$$

を q に関して最小化します．このように入れ替えると，期待値が q に依存しなくなるので，最適化が行いやすくなるという利点があります．この影響は線形な正規分布のモデルでは無視できることが知られています[12]．

Chapter 11

グラフィカルモデルの学習 3.：具体例

ここまでは，グラフィカルモデルの学習に関して一般的な事柄を解説してきました．この章ではいくつかの具体的なモデルについて，その学習方法を解説します．

11.1 ボルツマンマシン

ボルツマンマシン (**Boltsman machine**) とは，2値ペアワイズモデルで，グラフ構造が完全グラフであるものをいいます．確率分布関数を式で書くと以下のようになります．

$$p(x) = \frac{1}{Z} \exp\left(\sum_{i<j} J_{ij} x_i x_j + \sum_i h_i x_i \right)$$

ただしここで，$x_i \in \{1, -1\}$ です．

本節では，すべての変数が観測されているとして，パラメタ学習を行う手法をいくつか解説します．観測データ $x^{(1)}, \ldots, x^{(N)}$ から，モデルのパラメタ $\theta = (J, h)$ を決定します．ここで，対数尤度関数は以下のようになります．

$$\frac{1}{N} \ell(J, h) = \sum_{i<j} J_{ij} \hat{\chi}_{ij} + \sum_i h_i \hat{m}_i - \log Z(J, h) \qquad (11.1)$$

ただしここで，$\hat{\chi}_{ij}, \hat{m}_i$ はそれぞれ経験分布での $x_i x_j, x_i$ の平均です．

11.1.1 平均場近似

第8章で議論した平均場近似を用いて，モデルのパラメタ $\theta = (J, h)$ を求めてみます．まず，$q_i(x_i) = (1 + m_i x_i)/2$ とおくと，q_i は $m_i \in [-1, 1]$ によってパラメタ付けることができます．これを用いると，式 (8.2) の q に関する最小化問題は

$$\max_m \left[f(h, m) \right] \tag{11.2}$$

なる m に関する最大化問題に書き直されます．ただしここで，$\xi(x) = -x \log x$ とし，

$$f(h, m) = \sum_{i<j} J_{ij} m_i m_j + \sum_i h_i m_i + \sum_i \xi\left(\frac{1+m_i}{2}\right) + \xi\left(\frac{1-m_i}{2}\right)$$

とおきました．導出より，分配関数 $\log Z(J, h) \geq \max_m f(h, m)$ が成り立ちますが，平均場近似ではこれがほぼ等号であると考えます．

最尤法でパラメタ h を決めるには，対数尤度関数 (11.1) の h に関する微分が 0 になるという条件を使います．この条件は

$$\hat{m}_i = \frac{\partial \log Z}{\partial h_i}$$

にほかなりません．平均場近似では，$\log Z(J, h)$ を式 (11.2) でおき換えます．$m(h) = \mathrm{argmax}_m f(h, m)$ と定義し，

$$\frac{\partial f}{\partial m}(h, m(h)) = 0 \tag{11.3}$$

が成り立つことに注意すると，

$$\frac{\partial \log Z}{\partial h_i} \approx \frac{\partial f(h, m(h))}{\partial h_i} = \frac{\partial f}{\partial h_i}(h, m(h)) + \frac{\partial f}{\partial m}(h, m(h)) \frac{\partial m}{\partial h_i} = m_i$$

と書き直されます．すなわち，$\hat{m}_i = m_i(h)$ という関係になるように h を決めるべきであることがわかります．最後に，式 (11.3) の条件より，

$$h_i = \tanh^{-1} \hat{m}_i - \sum_j J_{ij} \hat{m}_j$$

を得ます[*1]．これは，式 (8.3) と同じ形になっています．

[*1] $\tanh^{-1}$ は $\tanh$ の逆関数で，$\tanh^{-1}(x) = \frac{1}{2} \log \frac{1+x}{1-x}$ が成立します．

続いて，パラメタ J を決めるには，対数尤度関数 (11.1) の J に関する微分が 0 になるという条件

$$\hat{\chi}_{ij} = \frac{\partial \log Z}{\partial J_{ij}} \quad (11.4)$$

を用います．ここで，

$$\frac{\partial \log Z}{\partial J_{ij}} = \frac{\partial^2 \log Z}{\partial h_i \partial h_j} \approx \frac{\partial^2 f(h, m(h))}{\partial h_i \partial h_j} \quad (11.5)$$

と近似します．右辺は，式 (11.3) と $\frac{\partial^2 f}{\partial h_i \partial h_j} = 0$ より，

$$\frac{\partial^2 f(h, m(h))}{\partial h_i \partial h_j} = \sum_{k,l} \frac{\partial^2 f}{\partial m_k \partial m_l} \frac{\partial m_k}{\partial h_i} \frac{\partial m_l}{\partial h_j}$$

と計算されます．さらに，

$$\frac{\partial^2 f}{\partial m_i \partial m_j} = \left(J_{ij} - \frac{\delta_{ij}}{1 - m_i^2} \right) = -\left(\frac{\partial m_i}{\partial h_j} \right)^{-1}$$

が成り立つことに注意すると，式 (11.4),(11.5) は

$$\hat{\chi}_{ij} = \left(J_{ij} - \frac{\delta_{ij}}{1 - m_i^2} \right)^{-1}$$

となります．ただしここで，肩の -1 は逆行列を表します．

以上まとめると，平均場近似ではパラメタ J, h を観測データから

$$J_{ij}^* = (\hat{\chi}^{-1})_{ij} + \frac{\delta_{ij}}{1 - \hat{m}_i^2}$$

$$h_i^* = \tanh^{-1} \hat{m}_i - \sum_j J_{ij}^* \hat{m}_j$$

によって定めればよいことがわかりました．

11.1.2 ベーテ近似

ベーテ近似における，データからパラメタを決める方法は 9.3.3 項で議論したとおりです．まず，経験分布 $\hat{p}$ に関する期待値を，$\hat{\chi}_{ij} = E_{\hat{p}}[x_i x_j]$，$\hat{m}_{ij} = E_{\hat{p}}[x_i]$ とおきます．このとき，

$$\hat{p}_{ij}(x_i, x_j) = \frac{1 + \hat{m}_i x_i + \hat{m}_j x_j + \hat{\chi}_{ij} x_i x_j}{4}$$

$$\hat{p}_i(x_i) = \frac{1 + \hat{m}_i x_i}{2}$$

が成り立ちます．これらの関係式と，式 (9.20) より，J^*, h^* を決めることができます．

J^* に関しては，簡単な計算から，

$$J_{ij}^* = \frac{1}{4} \ln \left(\frac{\left(1 + \hat{m}_i + \hat{m}_j + \hat{\chi}_{ij}\right)\left(1 - \hat{m}_i - \hat{m}_j + \hat{\chi}_{ij}\right)}{\left(1 + \hat{m}_i - \hat{m}_j - \hat{\chi}_{ij}\right)\left(1 - \hat{m}_i + \hat{m}_j - \hat{\chi}_{ij}\right)} \right)$$

となります．h^* に関する式は非常に長くなるのでここには載せません．詳細は文献 [23] をみてください．

11.2 隠れマルコフモデル

第 6 章の最後では，隠れマルコフモデルの隠れ状態の確率を確率伝搬法で計算する方法について解説しました．ここでは，隠れマルコフモデルのパラメタを学習する方法について説明します．

本節では，ガウス型の観測モデル

$$p(x|z) = \mathcal{N}(x|\mu_z, \sigma_z)$$

を考えます．すなわち，隠れ状態 z ごとに平均 μ_z，分散 σ_z をもち，そのガウス分布に従って観測 x が得られます．隠れ状態は K 種類あるとし，σ_z は対角行列であるとします[*2]．隠れ状態の z' から z への遷移確率を $\tau_{z,z'}$ とおくと，学習すべきパラメタは全部で $\theta = (\tau, \mu, \sigma)$ となります．

11.2.1 EM アルゴリズムによる学習

ガウス型観測モデルをもつ隠れマルコフモデルでは，EM アルゴリズムを学習に使うことができます．観測のもとでの隠れ変数の確率分布 $p(z|x, \theta)$

[*2] σ_z を $K \times K$ 行列と考えるとパラメタが非常に多くなってしまうので，このように対角行列で考えるのが一般的です．

が効率的に計算でき，なおかつ M-step が解析的に解けるからです[*3].

Q 関数は，

$$\begin{aligned}Q(\theta|\theta') &= \mathrm{E}_{p(z|x,\theta')}[\log p(x,z|\theta)] \\ &= \sum_t \sum_{z_t} p(z_t|x,\theta') \log \mathcal{N}(x_t|\mu_{z_t},\sigma_{z_t}) \\ &+ \sum_t \sum_{z_t,z_{t+1}} p(z_t,z_{t+1}|x,\theta') \log \tau_{z_{t+1},z_t}\end{aligned}$$

のように書かれます．

M-Step では，パラメタ $\theta = (\tau,\mu,\sigma)$ を最大化します．τ に関しては，制約条件 $\sum_z \tau_{z,z'}$ のもとで解くと，

$$\tau_{z,z'} = \frac{\sum_t p(z_t = z', z_{t+1} = z|x,\theta')}{\sum_z \sum_t p(z_t = z', z_{t+1} = z|x,\theta')}$$

となります．μ,σ に関しても微分して 0 になるという条件式より

$$\mu_z = \sum_t \frac{p(z_t = z|x,\theta')}{\sum_t p(z_t = z|x,\theta')} x_t$$

$$\sigma_z = \sum_t \frac{p(z_t = z|x,\theta')}{\sum_t p(z_t = z|x,\theta')} (x_t - \mu_z)^T (x_t - \mu_z)$$

のように求まります．

11.2.2 ベイジアン隠れマルコフモデル

ベイジアン隠れマルコフモデルでは，パラメタ θ に対して事前確率分布を仮定します．事前確率分布としては，遷移確率パラメタ τ には，ディリクレ分布を，μ,σ には正規分布，ガンマ分布をそれぞれ使うことができます．

[*3] 隠れマルコフモデルに対して EM アルゴリズムを用いる場合，Baum-Welch アルゴリズムとも呼ばれます．

$$p(\tau) = \prod_{z=1}^{K} \mathrm{Dir}(\tau_{\cdot,z}|u)$$

$$p(\mu) = \mathcal{N}(\mu|0, \rho I_K)$$

$$p(\sigma) = \prod_{z=1}^{K} \mathrm{Gamma}(\sigma_z|\alpha, \beta)$$

これらの超パラメタをまとめて，$\phi = (u, \rho, \alpha, \beta)$ と書くことにします．

このように，パラメタ θ も確率変数として扱うことにより，隠れ状態 z だけでなく，θ も隠れ変数として扱われます．

変分下界は，

$$\mathcal{L}(x; q, \phi) = \int d\theta \sum_z q(z,\theta) \log p(x,z|\theta) p_\phi(\theta) - \int d\theta \sum_z q(z,\theta) \log q(z,\theta)$$

となります．ベイジアン隠れマルコフモデルに対する学習では，確率分布関数 q に関する最適化がそのままでは解けないので，隠れ状態に関する分布関数と，各パラメタに関する分布関数の積に分かれる，すなわち

$$q(z, \theta) = q(z) q(\theta)$$

という範囲で考えます．これは，(構造付き) 平均場近似になっています．

通常の EM アルゴリズムとの比較で考えると，$q(z)$ の最適化は E-step に対応しており，$q(\theta)$ の最適化は M-step に対応していると考えることもできます．これらを交互に繰り返すことにより，$q(z, \theta)$ を最適化することができます．計算の詳細は長くなるので本書では省略します．興味のある方は文献 [3] を参照してください．

一方，変分下界の式の中で超パラメタ ϕ に関係する項を取り出すと，

$$\int d\theta q(\theta) \log p_\phi(\theta)$$

になります．よって，変分下界を最大化するように ϕ を決めることは，$q(\theta)$ と $p_\phi(\theta)$ の KL ダイバージェンスを最小化することに相当します．

Chapter 12

MAP割り当ての計算1.：最大伝搬法

> この章では，グラフィカルモデルの MAP 割り当ての計算について議論します．確率推論の場合と同様に，木の上では効率的に計算が可能であることをみます．

12.1 MAP 推定とは

ここからは，再びグラフィカルモデルは (学習するのではなく) 与えられたものとしましょう．確率モデル $p(x|\theta)$ において，その **MAP 割り当て** (**maximum a posteriori assignment**) とは，確率値を最大にするような状態，すなわち

$$x^* = \underset{x}{\operatorname{argmax}}\, p(x|\theta) \tag{12.1}$$

のことです．MAP 割り当てを求めることを **MAP 推定** (**MAP estimation**) といいます．この章と続く章では，グラフィカルモデルに対する MAP 推定の方法について議論します．

MAP 推定が本質的に難しい理由は，グラフィカルモデルのとり得る状態 x がグラフの頂点数に対して指数的にたくさんあるからです．たとえば，各頂点の変数 x_i が $0, 1$ の値をとるとすると，全体の状態は $2^{|V|}$ になります．よって，単純な全探索によって MAP 割り当てを求めることは通常不可能です．

確率推論の場合と同様に，グラフィカルモデルの変数の一部が観測された状態で MAP 推定を行いたいという場合がよくあります[*1]．式で書くと，観測 y のもとで $x^* := \mathrm{argmax}_x p(x|y,\theta)$ を求めるタスクです．しかしこれは，6.1 節で議論したとおり，式 (12.1) の問題に容易に帰着されます．

MAP 割り当てに似て非なる量として，周辺確率の最大

$$x'_i = \mathop{\mathrm{argmax}}_{x_i} p_i(x_i|\theta)$$

を集めた $x' = (x'_i)_{i \in V}$ があります．極端な場合として，$p(x^*) = 1$ でそれ以外の状態で $p(x) = 0$ であれば，周辺確率の最大と MAP 割り当てが一致します．しかし，一般にはこれらは異なる量であることに注意してください．

確率分布関数 $p(x)$ に対して，周辺確率分布は，

$$p_i(x_i) := \sum_{\{x_j\}_{j \neq i}} p(x)$$

で定義されるのでした．これに類似して**最大周辺分布 (max marginal distribution)** は

$$\nu_i(x_i) := \max_{\{x_j\}_{j \neq i}} p(x)$$

によって定義されます．この値は $X_i = x_i$ と固定したときの最大の確率を表しています．

MAP 割り当てがただ 1 つである場合[*2]，MAP 割り当て x^* は最大周辺分布の MAP 割り当てによって得られます．すなわち，

$$x^*_i = \mathop{\mathrm{argmax}}_{x_i} \nu_i(x_i)$$

が成立します．つまり，グラフィカルモデルのすべての頂点 i で最大周辺分布がわかれば，MAP 割り当てが計算できることになります．

[*1] たとえば第 1 章の例で，家族の全員の血液型から最も確率の高い遺伝子型の組を知る場合が挙げられます．
[*2] 特殊な対称性がある場合を除き，MAP 割り当てはただ 1 つであると考えて差し支えありません．そうでなければ，モデルのパラメタをわずかに変更して，MAP 割り当てはただ 1 つであるようにできます．

12.2 メッセージ伝搬による MAP 推定

12.2.1 直鎖型構造の場合の計算

グラフィカルモデルが木構造をもつのであれば，周辺確率分布を計算したときと類似のアルゴリズムにより，MAP 割り当てを厳密に計算することができます．

再び，計算方法のアイディアをつかむために，最も単純なケースとして，図 6.3 (第 6 章) の，5 つの頂点が直線上に並んだグラフを考えます．この場合，確率分布関数は式 (6.2) で与えられていました．

まず，x_3 の最大周辺分布を計算してみましょう．その定義式は，

$$\nu_3(x_3) \propto \max_{x_1} \max_{x_2} \max_{x_4} \max_{x_5} \phi_{12}(x_1, x_2) \phi_{23}(x_2, x_3) \phi_{34}(x_3, x_4) \phi_{45}(x_4, x_5)$$

で与えられます．変数 x_i がそれぞれ K 通りの値をとるとすると，$\nu_3(x_3)$ を求めるのに必要な計算の回数は $O(K^5)$ になります．これは効率がよくありません．周辺確率の場合と同様に，

$$\begin{aligned}\nu(x_3) \propto &\{\max_{x_2} \phi_{23}(x_2, x_3)(\max_{x_1} \phi_{12}(x_1, x_2))\} \\ &\times \{\max_{x_4} \phi_{34}(x_3, x_4)(\max_{x_5} \phi_{45}(x_4, x_5))\}\end{aligned}$$

のように式変形し，メッセージ関数を

$$m_{1\to 2}(x_2) = \max_{x_1} \phi_{12}(x_1, x_2), \quad m_{5\to 4}(x_4) = \max_{x_5} \phi_{45}(x_4, x_5)$$

と定義します．これらを使って

$$m_{2\to 3}(x_3) = \max_{x_2} \phi_{23}(x_2, x_3) m_{1\to 2}(x_2)$$

$$m_{4\to 3}(x_3) = \max_{x_4} \phi_{34}(x_3, x_4) m_{5\to 4}(x_4)$$

のように定めると，結局，$\nu(x_3) \propto m_{2\to 3}(x_3) m_{4\to 3}(x_3)$ となります．この方法での計算量は，$4K^2$ 回の掛け算と比較演算で済んでいます．

このように，周辺確率分布の計算の場合とまったく同様にして最大周辺分布を効率的に計算することができることがわかりました．なぜこのような類

> 逆温度パラメタ $\beta > 0$ に対して，
> $$\mathrm{sum}_\beta(a,b) = (a^\beta + b^\beta)^{1/\beta}$$
> と定めると，交換則，分配則，結合則を満たします．これは $\beta = 1$ で，$(\mathbb{R}_{>0}, +, \times)$ に一致し，$\beta \to \infty$ で $(\mathbb{R}_{>0}, \max, \times)$ に一致します．

ノート 12.1 極限としての $(\mathbb{R}_{>0}, \max, \times)$

似性が成り立つのでしょうか．これは足し算と max の間に代数的に共通な性質があるからです．実際，max と掛け算に関しては，交換則，分配則と結合則

$$\max(a, b) = \max(b, a)$$
$$\max(ac, bc) = \max(a, b)c$$
$$\max(\max(a, b), c) = \max(a, \max(b, c))$$

が成り立ち $(a, b, c > 0)$，これは足し算と掛け算に関して成り立つ性質

$$a + b = b + a$$
$$(ac + bc) = (a + b)c$$
$$(a + b) + c = a + (b + c)$$

と同様であることがわかります[*3]．また，$(\mathbb{R}_{>0}, \max, \times)$ は，$(\mathbb{R}_{>0}, +, \times)$ のある種の極限で得られる代数系とみることもできます（ノート 12.1）．

12.2.2 木のグラフ上での最大伝搬法

前節の議論で，木構造をもつグラフィカルモデルでは，メッセージ伝搬により最大周辺分布が効率的に計算できることがわかりました．この計算方法は**最大伝搬法**と呼ばれます．ここではそのアルゴリズムを整理して確認しましょう．

いつもどおり，因子グラフ型モデルが，

[*3] このように，同様の議論は半環と呼ばれる代数系にまで拡張することができます．$(\mathbb{R}_{>0}, +, \times)$，$(\mathbb{R}_{>0}, \max, \times)$ はそれぞれ半環になっています．後者の対数をとったもの $(\mathbb{R}, \max, +)$ も半環になっています．

$$p(x) = \frac{1}{Z} \prod_{\alpha \in F} \Psi_\alpha(x_\alpha)$$

という形で与えられたとします．このとき，最大伝搬法のアルゴリズムは以下のように与えられます[*4]

アルゴリズム 12.1 木の因子グラフ上での最大伝搬法のアルゴリズム

1. メッセージの計算:
   下式の右辺のメッセージ $m_{\beta \to i}$ がすべて定まっている $\alpha \to i$ について，$m_{\alpha \to i}$ の計算を順に行う
   $$m_{\alpha \to i}(x_i) \propto \max_{x_{\alpha \setminus i}} \Psi_\alpha(x_\alpha) \prod_{j \in \alpha, j \neq i} \prod_{\beta \ni j, \beta \neq \alpha} m_{\beta \to j}(x_j) \quad (12.2)$$

2. 最大周辺分布の計算:
   $$\nu_i(x_i) \propto \prod_{\alpha \ni i} m_{\alpha \to i}(x_i) \quad (12.3)$$
   $$\nu_\alpha(x_\alpha) \propto \Psi_\alpha(x_\alpha) \prod_{j \in \alpha} \prod_{\beta \ni j, \beta \neq \alpha} m_{\beta \to j}(x_j) \quad (12.4)$$

定理 12.1（木型グラフ上の最大伝搬法）

最大伝搬法のアルゴリズムによって，計算される式 (12.3),(12.4) は真の最大周辺分布を与えている．

証明．

証明は周辺確率分布の場合の命題 6.1 と同様 (詳細略)．　　□

ちなみに，更新終了時には式 (12.2) が成立するので，$i \in \alpha$ のとき

[*4] 最大伝搬法は，周辺確率計算の**確率伝搬法** (sum product algorithm) と対比して，**max product algorithm** と呼ばれることもあります．

$$\nu_i(x_i) = \max_{x_{\alpha\setminus i}} \nu_\alpha(x_\alpha) \tag{12.5}$$

が成立しています．これは，周辺確率の局所整合性条件 (7.2) に対応するものなります．

12.2.3 サイクルのある因子グラフ上の最大伝搬法

周辺確率分布のケースと同様に，この最大伝搬法を木でないグラフにも適用することができます．これも同様に最大伝搬法と呼ばれます．

確率伝搬法では，サイクルがあるグラフの場合にも，ベーテ自由エネルギー関数の変分問題として特徴付けることができていました．しかし，最大伝搬法の場合にはこのような変分的な特徴付けは存在しません．

サイクルがあるグラフに対しては，最大伝搬法ではなく，後述の TRW や MPLP といったメッセージ伝搬型のアルゴリズムがよく用いられます．これらは理論的な裏付けもあり，経験的にも高い性能をもつことが知られています．

12.3 TRW 最大伝搬法

第 9 章では，TRW 型の上界について議論しました．このときのメッセージ伝搬アルゴリズムの max 版を **TRW 最大伝搬法 (TRW max-product algorithm)** といい，本節で議論します．このアルゴリズムのよい点は，得られた解の最適性が保証できる場合があることです．

ここでは，因子グラフ型モデルを

$$p(x) = \frac{1}{Z} \prod_{\alpha \in F} \Psi_\alpha(x_\alpha) \prod_{i \in V} \Psi_i(x_i)$$

のように書いておきます．

F の部分集合 F' が**全域木 (spanning tree)** を定めるとは，超グラフ (V, F') が木であり，$\cup_{\alpha \in F'} \alpha = V$ であることをいいます．因子グラフ上の全域木からなる因子集合族を $\mathcal{T}$ と書くことにします．正の重み ρ を第 9 章と同じく，式 (9.11) を満たすようにとり，$\rho_\alpha = \sum \{\rho(T) | \alpha \in T, T \in \mathcal{T}\}$ とします．

以上の記号のもとで，TRW 最大伝搬法は以下のようになります．

アルゴリズム 12.2 TRW 最大伝搬法

1. 初期化:
   すべての有向辺 $\alpha \to j$ に対して，$m_{\alpha \to j}(x_j) = 1$ と定める．
2. 更新:
   $t = 0, 1, \ldots$ ですべてのメッセージを以下の式で更新し，収束するまで続ける．

   $m_{\alpha \to i}(x_i)$
   $$\propto \max_{x_{\alpha \setminus i}} \Psi_\alpha(x_\alpha) \prod_{j \in \alpha, j \neq i} \Psi_j(x_j) \left[m_{\alpha \to j}^{\rho_\alpha - 1}(x_j) \prod_{\beta \ni j, \beta \neq \alpha} m_{\beta \to j}^{\rho_\beta}(x_j) \right]$$

3. 近似最大周辺分布の計算:
   収束したメッセージを $m_{\alpha \to i}$ とし，
   $$\nu_i^*(x_i) \propto \Psi_i(x_i) \prod_{\alpha \ni i} m_{\alpha \to i}^{\rho_\alpha}(x_i)$$
   $$\nu_\alpha^*(x_\alpha) \propto \Psi_\alpha(x_\alpha)^{1/\rho_\alpha} \prod_{j \in \alpha} \Psi_j(x_j) \left[m_{\alpha \to j}^{\rho_\alpha - 1}(x_j) \prod_{\beta \ni j, \beta \neq \alpha} m_{\beta \to j}^{\rho_\beta}(x_j) \right]$$
   によって ν_i^*, ν_α^* を定める．

このアルゴリズムでも，今までと同様に，収束解では局所整合性条件 (12.5) が成立しています．また，式 (9.17) と同様に

$$\prod_{\alpha \in F} \Psi_\alpha(x_\alpha) \prod_{i \in V} \Psi_i(x_i) \propto \prod_{i \in V} \nu_i^*(x_i) \prod_{\alpha \in F} \left(\frac{\nu_\alpha^*(x_\alpha)}{\prod_{j \in \alpha} \nu_j^*(x_j)} \right)^{\rho_\alpha} \quad (12.6)$$

が成立します．
このように計算された擬最大周辺分布から，配置 x^* を

$$x_i^* = \operatorname*{argmax}_{x_i} \nu_i^*(x_i)$$

のようにして計算することができます．これは多くの実問題で，MAP 割り当てのよい近似になっています．さらに以下の条件 (STA 条件) があれば，MAP 割り当てになっていることが保証できます．

> **定理 12.2（STA 条件と MAP 割り当て）**
>
> TRW 最大伝搬法で得られた ν^* に対して，状態 x^* が Strong Tree Agreement (STA) 条件を満たすとは，
>
> $$x_i^* = \operatorname*{argmax}_{x_i} \nu_i^*(x_i)$$
> $$x_\alpha^* = \operatorname*{argmax}_{x_\alpha} \nu_\alpha^*(x_\alpha)$$
>
> が成り立つことをいう．このとき，x^* は MAP 割り当てになる．

証明．

まず，TRW 最大伝搬法の解 ν^* に対して，

$$\langle \theta_\alpha^*, T_\alpha(x_\alpha)\rangle + \langle \theta_i^*, T_i(x_i)\rangle = \frac{\nu_\alpha^*(x_\alpha)}{\prod_{i\in\alpha} \nu_i^*(x_i)}, \quad \langle \bar{\theta}_i^*, T_i(x_i)\rangle = \nu_i^*(x_i)$$

となるように，$\theta_\alpha^*, \theta_i^*, \bar{\theta}_i^*$ を選ぶ．次に，全域木 $T\in\mathcal{T}$ を1つとる．このとき T が木であることと，STA 条件より，x^* が $\prod_i \nu_i^*(x_i) \prod_{\alpha\in T} \frac{\nu_\alpha^*(x_\alpha)}{\prod_{i\in\alpha} \nu_i^*(x_i)}$ の MAP 割り当てになってることに注意する．よって，

$$E_T(x) := \sum_{\alpha\in T}\left[\langle \theta_\alpha^*, T_\alpha(x_\alpha^*)\rangle + \sum_{i\in\alpha}\langle \theta_i^*, T_i(x_i^*)\rangle\right] + \sum_i \langle \bar{\theta}_i^*, T_i(x_i^*)\rangle$$

とおくと，任意の x に対して，$E_T(x^*) \leq E_T(x)$ が成立する．ここで式 (12.6) より

$$\sum \rho(T) E_T(x) = \log p(x)$$

になることに注意すると，$\log p(x^*) \leq \log p(x)$ を得る． □

Chapter 13

MAP割り当ての計算 2.：線形緩和による方法

> 本章では，前章に引き続き，MAP 推定を行うためのアルゴリズムを解説します．離散状態のグラフィカルモデルに関しては MAP 推定の問題は線形計画法として定式化することができます．この線形計画法の双対として新たなメッセージ伝搬アルゴリズムを導きます．

13.1 MAP 推定問題の線形計画問題としての定式化

この章では，$G = (V, F)$ 上の離散状態の因子グラフ型モデルを考え，因子関数は式 (9.4) のような対数線形型であるとしましょう．この指数型分布族を $\mathcal{E}$，変数 x_i のとり得る値の集合を χ_i 書くことにします．分配関数は状態 x に依存しないことに注意すると，MAP 推定問題は単に

$$\langle \theta, T(x) \rangle = \sum_\alpha \langle \theta_\alpha, T_\alpha(x_\alpha) \rangle \tag{13.1}$$

を最大化する $x \in \prod_{i \in V} \chi_i$ を探すという問題にほかなりません．

この MAP 推定問題は線形計画問題[*1] に書き換えることができます．これには，以下で定義される **周辺確率凸多胞体 (marginal polytope)** を用

[*1] 線形計画問題とは，制約条件が 1 次式の不等式系で表され，目的関数も 1 次式であるような最適化問題のことです．

います[*2].

$$\mathbb{M} := \mathrm{cl}(\mathrm{conv}(\mathrm{E}_p[T(X)] \mid p \in \mathcal{E}))$$
$$= \mathrm{conv}(T(x) \mid x \in \prod_{i \in V} \chi_i)$$

ここで,$T(x) = \{T_\alpha(x_\alpha)\}_{\alpha \in F}$ は,十分統計量を並べたベクトルになります.また,$\mathrm{cl}(S)$ は集合 S の閉包を表します.この凸多胞体の端点[*3] は $\prod_{i \in V} |\chi_i|$ 個の状態に対応しています.

> **定理 13.1（MAP 推定問題の線形計画法による定式化）**
>
> 周辺確率凸多胞体 $\mathbb{M}$ 上の線形計画問題
>
> $$\max_{b \in \mathbb{M}} \langle \theta, b \rangle$$
>
> の解集合の端点 b^* は,式 (13.1) の MAP 推定問題の解を与える.

証明.
　一般に凸多胞体上の線形計画問題の最適解の集合は,この凸多胞体の端点を含む.これに対応する点を x^* とすると,MAP 問題の最適解であることがわかる.　□

　この書き換えをしても,問題が本質的に簡単になったわけではありませんが,この線形計画問題の難しい点は,凸多胞体の $\mathbb{M}$ の構造が非常に複雑なことです.この凸多胞体を定める不等式制約は,グラフのサイクルの個数に対して指数的にたくさんあることが知られています.

13.2　緩和問題

　MAP 推定問題を近似的に解く 1 つのアイディアとしては,$\mathbb{M}$ をより単純な凸多胞体でおき換えることです.ここでは,第 7 章の式 (7.5) で定義した,

---

[*2]　グラフ G 上の離散変数グラフィカルモデルの場合,指数型分布族の期待値パラメタの値域は周辺確率凸多胞体の内点に一致します.詳細は付録 C の定理 C.1 を参照してください.

[*3]　凸集合 S に含まれる点 x が**端点 (extreme point)** ではない.$\Leftrightarrow$ 点 x とは異なる点 $x_0, x_1 \in S$ と $0 < \lambda < 1$ が存在して $\lambda x_1 + (1-\lambda)x_0 = x$ となる.

擬周辺確率凸多胞体 $\mathbb{L}$ を用いましょう．周辺確率分布は必ず，局所的な整合性条件を満たすので，$\mathbb{M} \subset \mathbb{L}$ が常に成り立ちます．ただし以前議論したとおり，超グラフが木であれば，任意の $b \in \mathbb{L}$ に対してそれを周辺確率分布としてもつような全変数の同時確率分布が存在します．よって木の場合では $\mathbb{L}$ と $\mathbb{M}$ は一致します．

一般に，難しい最適化問題の制約条件をゆるめた「簡単な」問題を**緩和問題**といいます．$\mathbb{L}$ の不等式の個数は $O(|F|)$ 個に過ぎないので，線形計画法のソルバで緩和問題を解くことができます[*4]．

また，$\mathbb{M}$ の端点は常に $\mathbb{L}$ の端点でもあります．$\mathbb{L}$ の端点のうち，$\mathbb{M}$ の端点であるものを**整数端点 (integral vertex)**，$\mathbb{M}$ の端点でないものを**分数端点 (fractional vertex)** と呼びます（図 13.1）．

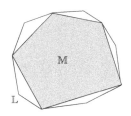

図 13.1 $\mathbb{L}$ と $\mathbb{M}$ の模式図

$\mathbb{L}$ と $\mathbb{M}$ の包含関係から明らかに，

$$\max_{\mu \in \mathbb{M}} \langle \theta, \mu \rangle \leq \max_{\mu \in \mathbb{L}} \langle \theta, \mu \rangle$$

が成立します．すなわち，緩和問題の最適値はもとの問題の最適値よりも等しいか大きくなります．もし，緩和問題の最適解が整端点であるとすると，それはもとの問題の最適解であることが保証されます．直感的には，分数端点の存在が，緩和問題と原問題の解のギャップを生み出していると解釈できます．

変数 $x_i \in \{0, 1\}$ のバイナリペアワイズモデルあれば，分数端点の解についてもう少し詳しい結果が知られています．十分統計量を $\{x_i x_j, x_i\}$ の形で

[*4] ここでは，各因子関数の状態数は定数オーダーとして考えています．

とるとき，$\mathbb{M}(G)$ の端点は 0,1 ベクトルになります．一方，分数端点は $1/2$ を成分に含みます．この場合，得られた解の整数部分については最適解に一致することが知られています [37]．

13.3 緩和問題の切除平面法による改良

緩和問題の最適解が，もとの問題の最適解とずれてしまう原因は，「$\mathbb{L}$ を定める不等式集合」が「$\mathbb{M}$ を定める不等式集合」よりも集合として小さいことにあります．よって，近似を改善する方法として，必要に応じて前者に不等式を追加するということが考えられます．この方法は線形計画法の分野では**切除平面法 (cutting plane algorithm)** と呼ばれ，よく知られています．

このアルゴリズムの骨組みは以下のようになります．

アルゴリズム 13.1 切除平面法

追加する候補となる不等式集合を $\mathcal{C}$ とおく

1. 初期化:
   不等式集合 $\mathcal{I}$ を，$\mathbb{L}(G)$ を定める不等式集合によって初期化する．
2. **repeat**:
   ・$\mathcal{I}$ の制約のもとで，$\langle \theta, b \rangle$ を最適化し，解 b を得る．
   ・$\mathcal{C}$ の中で解 b が満たさない不等式を複数探し出し，$\mathcal{I}$ に追加する．
   until ($\mathcal{I}_{new} = \mathcal{I}$)
3. 最後に得られた解をもとの MAP 問題の近似解とする．

こうして得られる解は，$\mathbb{L}$ に制約条件 $\mathcal{C}$ を追加した集合上で最適化問題を解いたものになります．このアルゴリズムで難しいところは，ステップ 2. で「b が満たさない不等式集合を $\mathcal{C}$ から選ぶ」ところになります．これを実行

するアルゴリズムは**分離アルゴリズム (separation algorithm)** といいます[*5]。

以下では，2 値ペアワイズモデルのケースでサイクル不等式と呼ばれるクラスの不等式集合 $\mathcal{C}$ を考え，分離アルゴリズムの存在を示します[*6]。

13.3.1 サイクル不等式

値 $x = (x_i)_{i \in V}$ に対して，辺 ij が**カット (cut)** であるとは，$x_i \neq x_j$ であることをいいます．簡単な考察から，サイクル上ではカットの個数は必ず偶数個であることがわかります．よって，サイクル C とその部分集合 $S \subset C$ で，$|S|$ が奇数個であるとき，

$$\sum_{ij \in C \setminus S} \delta(x_i \neq x_j) + \sum_{ij \in S} \delta(x_i = x_j) \geq 1$$

が成り立ちます．この式の辺々の期待値をとると，

$$\sum_{ij \in C \setminus S} (p_{ij}(1,0) + p_{ij}(0,1)) + \sum_{ij \in S} (p_{ij}(0,0) + p_{ij}(1,1)) \geq 1$$

を得ます．このような C, S から定まる不等式を**サイクル不等式 (cycle inequality)** といいます．

一般には，$\mathbb{L}$ にすべてのこれらサイクル不等式の集合を加えても，$\mathbb{M}$ には到達しません．ただし，G が平面グラフの場合には一致することが知られています [26]．

13.3.2 分離アルゴリズム

一般にサイクル不等式はたくさんあるのですべてを直接取り扱うことはできません．しかし以下のようにして，満たされていないサイクル不等式のみを効率的に探し出すことができます．

まず，もとのグラフ $G = (V, E)$ から重み付きグラフ $G' = (V', E')$ を以下のようにして構成します．各頂点 $i \in V$ からそのコピーの頂点を 2 つずつ作り，その集合を V' とおきます．よって，$|V'| = 2|V|$ となります．

[*5] b が満たさない不等式が $\mathcal{C}$ に存在すれば必ず探しだします．ただし，満たされていないすべての不等式を得る必要はありません．

[*6] 本書では紹介しませんが，2 値でない場合にもサイクル不等式を拡張することができ，それに対する分離アルゴリズムが存在します．詳細は [27] をみてください．

辺 $ij \in E$ に対して，V' を結ぶ辺 $i_1j_1, i_1j_2, i_2j_1, i_2j_2$ を作ります．このとき，辺 i_1j_1, i_2j_2 には重み $b_{ij}(1,0) + b_{ij}(0,1)$ を，i_1j_2, i_2j_1 には重み $b_{ij}(0,0) + b_{ij}(1,1)$ を与えます．ただし，b は今考えている擬周辺確率です．

この重み付きグラフ上で，各 $i \in V$ に対応する i_1 を始点とし，i_2 を終点とする最小重み経路問題を解きます[*7]．この経路が，i_1j_1 または i_2j_2 を通るときに $ij \in C$ とし，i_1j_2 または i_2j_1 を通るときに $ij \in S$ とします．このときの経路上の重みの和が 1 未満であれば，対応するサイクル不等式が破られていることがわかります．これにより，計算量 $O(|V|^2 \log |V| + |V||E|)$ の分離アルゴリズムが得られました．

13.4　双対分解とメッセージ伝搬による解法

ここまでは，$\mathbb{L}$ による緩和問題を，主問題のまま解くアプローチについて解説してきました．この節ではまず，LP 緩和問題の双対問題を導きます．これは双対分解と呼ばれる形式になっており，その最適化からメッセージ伝搬アルゴリズムが導かれます．メッセージ伝搬による最適化方法は実装が簡単で，分散計算に向くというメリットがあります．

13.4.1　緩和問題の双対

主問題
$$\max_{b \in \mathbb{L}} \langle \theta, b \rangle$$
に対して，周辺化の制約
$$b_i(x_i) = \sum_{x_{\alpha \setminus i}} b_\alpha(x_\alpha)$$
を課し，ラグランジュ関数を計算します．凸最適化問題の強双対性により[*8]，

[*7]　これは，Dijkstra のアルゴリズムで $O(|E| + |V| \log |V|)$ の計算量で解くことができます．
[*8]　詳しくは定理 B.5 を参照してください．

$$\max_{b\in\mathbb{L}}\left[\sum_\alpha\sum_{x_\alpha}\theta_\alpha(x_\alpha)b_\alpha(x_\alpha)+\sum_i\sum_{x_i}\theta_i(x_i)b_i(x_i)\right]$$
$$=\min_\delta\max_{b\geq 0,\sum b=1}\Big[\sum_\alpha\sum_{x_\alpha}\theta_\alpha(x_\alpha)b_\alpha(x_\alpha)+\sum_i\sum_{x_i}\theta_i(x_i)b_i(x_i)$$
$$+\sum_{\alpha\in F}\sum_{x_i}\delta_{\alpha i}(x_i)\left(b_i(x_i)-\sum_{x_{\alpha\setminus i}}b_\alpha(x_\alpha)\right)\Big]$$
$$=\min_\delta J(\delta)$$

が成立します.ただしここで,

$$J(\delta)=\sum_i\max_{x_i}(\theta_i(x_i)+\sum_{\alpha\ni i}\delta_{\alpha i}(x_i))+\sum_\alpha\max_{x_\alpha}(\theta_\alpha(x_\alpha)-\sum_{i\in\alpha}\delta_{\alpha i}(x_i))$$

とおきました.

以上まとめると,緩和問題の双対問題は,

$$\min\{J(\delta)|\delta=\{\delta_{\alpha i}(x_i)\}\} \tag{13.2}$$

であることがわかりました.この目的関数 J は,各 i,α について分離して max をとる形に分解されているので,**双対分解 (dual decomposition)** と呼ばれます.主問題では最適化を行う範囲に凸多面体の制約がかかっていましたが,双対問題では変数 δ に関する制約がなくなっています.

次に,この主問題と双対問題の関係を確認しておきましょう.

> **定理 13.2（相補性条件）**
>
> まず，以下のように定義する．
>
> $$\bar{\theta}_i^\delta(x_i) = \theta_i(x_i) + \sum_{\alpha \ni i} \delta_{\alpha i}(x_i), \quad \bar{\theta}_\alpha^\delta(x_\alpha) = \theta_\alpha(x_\alpha) - \sum_{i \in \alpha} \delta_{\alpha i}(x_i)$$
>
> δ^*, x^* が存在して，
>
> $$x_i^* = \underset{x_i}{\operatorname{argmax}}\, \bar{\theta}_i^{\delta^*}(x_i) \qquad (13.3)$$
>
> $$x_\alpha^* = \underset{x_\alpha}{\operatorname{argmax}}\, \bar{\theta}_\alpha^{\delta^*}(x_\alpha)$$
>
> が成り立つとき，δ^*, x^* はそれぞれ双対問題と主問題の最適解である．

証明．
まず，$J(\delta^*) = \sum_i \max_{x_i} \bar{\theta}_i^{\delta^*}(x_i) + \sum_\alpha \max_{x_\alpha} \bar{\theta}_\alpha^{\delta^*}(x_\alpha)$ に注意する．さらに，式 (B.2) より $\sum_i \bar{\theta}_i^{\delta^*}(x_i) + \sum_\alpha \bar{\theta}_\alpha^{\delta^*}(x_\alpha) = \sum_i \theta_i(x_i) + \sum_\alpha \theta_\alpha(x_\alpha)$ が成り立つことに注意すると，

$$J(\delta^*) = \sum_i \bar{\theta}_i^{\delta^*}(x_i^*) + \sum_\alpha \bar{\theta}_\alpha^{\delta^*}(x_\alpha^*) = \sum_i \theta_i(x_i^*) + \sum_\alpha \theta_\alpha(x_\alpha^*)$$

である．よって，双対ギャップが存在しないので，主張が従う． □

このことから，双対問題の解 δ^* を得たとき，

$$x_i^* = \underset{x_i}{\operatorname{argmax}}\, \bar{\theta}_i^{\delta^*}(x_i)$$

によって，MAP の近似解 x^* が得られることがわかります．

13.4.2 MPLP アルゴリズム

この最適化問題 (13.2) を，因子 α ごとに $\{\delta_{\alpha i}\}_{i \in \alpha}$ に関して座標降下法を行うのが **MPLP アルゴリズム (max-product linear programming algorithm)** です[11]．

まず，目的関数から α に関する部分だけを取り出すと

$$J(\delta_\alpha) = \sum_{i \in \alpha} \max_{x_i}(\theta_i(x_i) + \sum_{\beta \ni i} \delta_{\beta i}(x_i)) + \max_{x_\alpha}\left[\theta_\alpha(x_\alpha) - \sum_{i \in \alpha} \delta_{\alpha i}(x_i)\right]$$

のようになります．これを最小化することを考えます．

補題 13.3（最小化条件）

$J(\delta_\alpha)$ は，以下のように $\hat{\delta}_{\alpha i}$ $(i \in \alpha)$ をとったときに最小化される．

$$\hat{\delta}_{\alpha i}(x_i) = -\delta_i^{-\alpha}(x_i) + \frac{1}{|\alpha|} \max_{x_{\alpha \setminus i}} \left[\theta_\alpha(x_\alpha) + \sum_{j \in \alpha} \delta_j^{-\alpha}(x_j)\right] \quad (13.4)$$

ただしここで，$i \in \alpha$ に対して，

$$\delta_i^{-\alpha}(x_i) = \theta_i(x_i) + \sum_{\beta \ni i, \beta \neq \alpha} \delta_{\beta i}(x_i) \quad (13.5)$$

とおいている．

証明．
まず，定義から容易に以下の下限が示せる．

$$J(\delta_\alpha) \geq \max_{x_\alpha} \left[\sum_{i \in \alpha} \delta_i^{-\alpha}(x_i) + \theta_\alpha(x_\alpha)\right] =: J_{min}$$

これが，$\hat{\delta}_\alpha$ によって達成されることを示す．$J(\hat{\delta}_\alpha)$ の第 1 項の和の中身を C_i，第 2 項を C_α とおく．式 (13.4),(13.5) より，$\delta_\beta (\beta \neq \alpha)$ が更新されないことに注意して，$C_i = J_{min}/|\alpha|$ が確認できる．最後に，C_α が 0 以下になることを示す．再び，式 (13.4),(13.5) より

$$C_\alpha = \frac{1}{|\alpha|} \max_{x_\alpha} \Big(\sum_{i \in \alpha}\{\theta_\alpha(x_\alpha) + \sum_{j \in \alpha, j \neq i} \delta_j^{-\alpha}(x_j)$$
$$- \max_{\hat{x}_{\alpha \setminus i}} \left[\theta_\alpha(x_i, \hat{x}_{\alpha \setminus i}) + \sum_{j \in \alpha, j \neq i} \delta_j^{-\alpha}(\hat{x}_j)\right]\}\Big) \leq 0$$

が従う. □

以上をまとめて，MLPL アルゴリズムを得ます.

アルゴリズム 13.2　MLPL アルゴリズム

---

1. 初期化:
   $\delta_{\alpha i}(x_i) = 0$ をすべての $\alpha \in F, i \in \alpha$ に対して設定する.
2. 更新:
   すべての $\alpha \in F$ について，順に式 (13.4),(13.5) によって更新する．これを収束するまで繰り返す．
3. 最適解の計算:
   収束後，式 (13.3) によって，最適解 x^* を求める．

13.4.3　関連アルゴリズム

ここでは，双対分解に対する α ごとのブロック座標降下法として，MPLP アルゴリズムを導きました．一度に 1 つの $\delta_{\alpha i}$ を座標降下法で最適化する手法は max-sum diffusion (MSD) アルゴリズムとして知られていますが，経験的には MPLP の方が収束が速いことが知られています[29]．

MPLP では，$\mathbb{L}$ 上の最適化問題から得られた双対分解を解いてきました．しかし，近似性能を上げるためには $\mathbb{L}$ よりもタイトな近似多面体を使う必要があります．これは，7.3 節のように広い範囲での擬周辺確率を考えることで得ることができます．このタイトな制約のもとで，MPLP と同様なメッセージ伝搬で解く Generalized MPLP という方法も提案されています[28]．

Chapter 14

グラフィカルモデルの構造学習

ここまでは,グラフィカルモデルが与えられたもとで,推論やパラメタ推定を行ってきました.本章では,グラフ構造そのものをデータから学習する方法について概観します.

14.1 構造学習とは

グラフィカルモデルの**構造学習** (structure learning) とは,グラフの形そのものを学習するタスクです.問題設定としては,集合 V によって添字付けられた変数 $X = \{X_i\}_{i \in V}$ を考え,これに対して独立同分布に従う N 個のサンプル $x^{(1)}, x^{(2)}, \ldots, x^{(N)}$ が得られたとします.構造学習では,このサンプルの従う確率分布がどのようなグラフ構造をもつグラフィカルモデルに属するかを決定します.

マルコフ確率場の場合,各頂点対を辺で結ぶ場合と結ばない場合を考えると,$2^{\frac{|V|(|V|-1)}{2}}$ 通りのグラフの作り方があり得ます.このように可能なグラフの数が膨大であることが構造学習の難しさの1つの理由になっています.

14.2 マルコフ確率場の学習

14.2.1 独立性条件を用いる方法

独立性条件による方法 (independence-based approach, constraint-based approach) では，マルコフ確率場の定義の条件付き独立性が成り立っているのかを検証します．第 4 章で議論したペアワイズマルコフ条件によれば，2 つの頂点 $i, j \in V$ の間に辺があるかどうかは，

$$X_i \perp\!\!\!\perp X_j | X_{V \setminus \{i,j\}} \tag{14.1}$$

で決まるのでした．素朴には，この条件が成り立っているかどうかをデータから決めればよいと考えられます．具体的には，ピアソンの条件付き独立性カイ 2 乗検定などを用いることができます．

しかし，$X_{V \setminus \{i,j\}}$ のとり得る値は $|V| - 2$ に関して指数的にたくさんあるので，式 (14.1) を決定するには大量のデータが必要になってしまいます．

代わりに，局所マルコフ性条件の

$$X_i \perp\!\!\!\perp X_{V \setminus \mathrm{cl}(i)} | X_{N(i)} \tag{14.2}$$

を確認する場合，大量のデータが必要になるという問題は回避できますが，近傍 $N(i)$ を求める必要が生じます．式 (14.2) を満たすように $N(i)$ を求める方法として **Grow-Shrinkage Markov Network (GSMN) 法**がよく知られています[7]．

GSMN 法では，以下の擬似コード (リスト 14.1) のようにして各頂点 $i \in V$ に対して近傍 $N(i)$ を求め，構造学習を行います．まず，頂点 i の近傍の候補として $N(i) = \emptyset$ で初期化します．前半の grow フェーズでは，式 (14.2) を満たすように $N(i)$ を大きくし，後半の shrink フェーズでは，不必要なものを $N(i)$ からすべて除去します．こうして得られた近傍を用いて，$j \in N(i)$ のとき，頂点 i と j を辺で結びます．

リスト 14.1　GSMN 法での近傍計算の擬似コード

```
1  N(i) = ∅ # initialize
2  for j in V \ {i} # grow phase
3      if X_i ⊥̸ X_j | X_N(i) then
4          N(i) ← N(i) ∪ j
5          goto line 2 # restart grow phase
6  for j in N(i) # shrink phase
7      if X_i ⊥ X_j | X_N(i)\j then
8          N(i) ← N(i) \ {j}
9          goto line 6 # restart shrink loop
```

14.2.2　スパース正則化を用いる方法

まず，第 11 章で扱ったボルツマンマシン (2 値ペアワイズモデル) を考えましょう．マルコフ確率場として i と j が辺で結ばれていることと，$J_{ij} \neq 0$ であることは同値になります．尤度に対して L1 正則化[*1] を加えたもの，すなわち

$$\ell(J, h) + \lambda \|J\|_1$$

を最適化することにより，得られる結合の係数 $\{J_{ij}\}$ が疎になれば，実質的に構造学習を行うことができます[*2]．

この対数尤度関数の最適化問題の難しさは，第 9 章のパラメタ学習のところで議論したとおりです．勾配の計算には，このモデルに関する期待値を計算する必要がありました．特に最初にボルツマンマシンのような完全グラフから出発すると近似計算が難しくなります．論文 [15] では，辺のないグラフから出発して，目的関数の値を大きくする辺を段々と追加していく手法が提案されています．

[*1]　$\|J\|_1 = \sum_{ij} |J_{ij}|$
[*2]　L1 正則化を加えると，得られる解の成分は 0 になりやすくなることが知られています．

ガウス型マルコフ確率場の場合も同様に L1 正則化により構造学習を行うことができます．4.5 節で議論したように，この場合も，i と j が辺で結ばれていることと，$J_{ij} \neq 0$ であることは同値になるのでした．分散共分散行列の逆行列が $x_i x_j$ の係数行列の J になっています．経験分散行列を $\hat{\Sigma}$ と書くと，最尤推定に L1 正則化を追加した最適化問題は，

$$\log \det J - \mathrm{tr}(\hat{\Sigma}J) - \rho\|J\|_1$$

を正定値行列 J に関して最大化することになります．これを汎用的な最適化手法である内点法で解くと $O(|V|^6)$ の計算時間で解くことができます．しかしこれでは頂点の数がある程度多いと現実的な計算時間に収まらなくなるので，より効率的に解く手法が研究され，提案されています [1,2]．

14.3 ベイジアンネットワークの構造学習

14.3.1 条件付き独立性を用いる方法

ベイジアンネットワークの構造学習のアプローチとして，データの条件付き独立性から有向非巡回グラフ構造を決める方法があります．

SGS(Spirtes, Glymour and Scheines) アルゴリズムは条件付き独立性を用いるアルゴリズムの中でも最も素朴なものです．このアルゴリズムは，有向非巡回グラフの頂点の接続構造と d 分離性に関する以下の結果を基礎にしています．証明は文献 [36] をみてください．

補題 14.1（有向非巡回グラフにおける d 分離性の必要十分条件）

有向非巡回グラフ $G = (V, \vec{E})$ において以下が成立する．

1. 頂点 u, v が有向辺で結ばれている．$\Leftrightarrow$ 任意の $S \subset V \setminus \{u, v\}$ の元で u, v は d 分離可能ではない．
2. 頂点 u, v, w に関して，u, v と v, w はそれぞれ有向辺で結ばれていて，u, w は結ばれていないとする．このとき，
   有向辺の向きが $u \to v \leftarrow w$ である．
   $\Leftrightarrow v$ を含む任意の集合 S に関して u, w が d 分離可能でない．

まず 1 つ目の主張により，頂点 u, v が有向辺で結ばれているかどうかが d 分離性によって特徴付けられます．d 分離性は条件付き独立性に対応しているので，データから検定することができます．同様に，2 つ目の主張により，有向辺の向きについてもデータから決められることがわかります．

これをふまえて，SGS アルゴリズムはアルゴリズム 14.1 のようになります．

アルゴリズム 14.1 SGS アルゴリズム

1. すべての頂点対 u, v に関して以下を実行する．
   (1-1) すべての $S \subset V \setminus \{u, v\}$ に対して $X_u \perp\!\!\!\perp X_v | X_S$ が成り立つならば，u と v を無向辺で結ぶ．
2. 頂点 u, v, w で，u, v と v, w はそれぞれ無向辺で結ばれていて，u, w は結ばれていないような 3 頂点に対して以下を実行する．
   (2-1) すべての $S \subset V \setminus \{u, v, w\}$ に対して $X_u \perp\!\!\!\perp X_w | X_{S \cup v}$ が成り立つならば，$u \to v \leftarrow w$ のように辺に向きを付ける．
3. 以下を繰り返す：
   (3-1) $u \to v$ で，v, w が辺で結ばれ，u, w は辺で結ばれておらず，v を指す有向辺は他に存在しないとき，$v \to w$ とする．
   (3-2) u から v への有向路が存在し，u と v が無向辺で結ばれているとき，$u \to v$ とする．
   (3-3) これ以上，向き付けられる辺がなくなれば終了．

このアルゴリズムの問題点は，頂点数 $|V|$ がかなり小さい場合でないと計算できないことです．なぜなら，考えるべき部分集合 S が $O(2^{|V|})$ 個あり，なおかつ $|S|$ が大きいときには条件付き独立性の検定が困難になるからです．

この方法のもう 1 つの問題点は，ロバスト性が低いことです．すなわち，入力データの小さな違いにより，得られるグラフが大きく変わってしまうことがしばしばあります．これは，アルゴリズムの前段の処理の結果により，後の処理が変わることに原因があります．

より改良されたアルゴリズムとしては，PC (Peter Spirtes and Clark Clymour) アルゴリズムや GS (Grow-Shrink) アルゴリズムなどが知られています．

14.3.2 スコア関数を最大化する方法

スコア関数を最大化する方法では，各グラフ構造に対してデータの当てはまりのよさを表すスコアを定義し，このスコアを最大にするグラフを探します．通常，データ D のもとでの有向非巡回グラフ G のスコアは

$$\mathrm{score}(G; D) = \sum_{i \in V} \mathrm{score}(i|\mathrm{pa}(i); D)$$

のように局所的なスコアの和の形になっていることを仮定します．このようなスコア関数としては，たとえば対数尤度関数が考えられます．

スコア関数を最大化する方法の問題は，探索すべき有向非巡回グラフがたくさんあることです．よい有向非巡回グラフを探索するという最適化問題をうまく解く必要があります．

事前に答えとなるグラフ構造のクラスが限られている場合，探索が容易になります．たとえば，探索する有向非巡回グラフを木[*3]に限って，対数尤度を最大化するアルゴリズムは，**Chow-Liu** のアルゴリズムとして知られています [8]．この場合，重み最大の全域木を探す問題に帰着されます．

学習する有向非巡回グラフが木であるという制約条件は強いので，適用範囲が限られてしまいます．代わりに木幅[*4]を制限した範囲で探索するという方法もよく用いられます．得られたグラフの木幅が小さければ，確率推論の計算も比較的容易になるという利点もあります．

ほかのアプローチとしては，スコアの値を増やすように辺の追加や削除，向きの反転を行う Max-Min Hill Climbming(MMHC) と呼ばれる手法もよく用いられます．詳しくは文献 [32] を参照してください．

---

*3 有向非巡回グラフが木であるとは，そのモラルグラフが木であることをいいます．よって，この場合は，親となる頂点の個数は，1 個以下になります．
*4 有向非巡回グラフの木幅とは，そのモラルグラフの木幅のことをいいます．

Appendix A

付録A 公式集

ここでは,基本的な公式をまとめて解説します.条件付き確率の公式は,第3,4章で扱った条件付き独立性の関係を理解するのに有用です.また,メビウス関数は,第4章では Hammersley Clliford の定理の証明に,第7章では菊池自由エネルギーの定義に用います.

A.1 条件付き独立性の公式

ここでは,条件付き独立性に関して成立する,基本的な公式を列挙します.

定理 A.1(条件付き独立性の性質 1.)

確率変数 X, Y, Z, W に関して以下が成立する.

1. 対称律 (symmetry): $X \perp\!\!\!\perp Y \mid Z \Rightarrow Y \perp\!\!\!\perp X \mid Z$
2. 分離律 (decomposition): $X \perp\!\!\!\perp (Y, W) \mid Z \Rightarrow X \perp\!\!\!\perp Y \mid Z$
3. 弱結合律 (weak union):
   $X \perp\!\!\!\perp (Y, W) \mid Z \Rightarrow X \perp\!\!\!\perp Y \mid (Z, W)$
4. 縮約律 (contraction):
   $X \perp\!\!\!\perp Y \mid (Z, W)$ かつ $X \perp\!\!\!\perp W \mid Z \Rightarrow X \perp\!\!\!\perp (Y, W) \mid Z$

証明.
性質 1., 2., 3. は定義から明らかなので証明は省略する．

性質 4. も Z を省略した状態で示しておく (以下の式すべてに Z による条件付けが入っていると考えればよい).

$$P(X,Y,W) = P(X|W)P(Y|W)P(W)$$
$$= P(X)P(Y|W)P(W)$$
$$= P(X)P(Y,W)$$

より，主張が従う． □

一般に，$X \perp\!\!\!\perp Y \mid Z$ であっても，$X \perp\!\!\!\perp Y \mid (Z,W)$ は正しくありません[*1]．弱結合律は，条件付けに W が追加できるための 1 つの条件を与えているとみることができます．逆に縮約律は条件付けから W を削除できるための条件を与えているとみることができます．縮約律で，W に関する条件付けが必要であることを補足しておきます．

> **命題 A.2**（条件付き独立性の間違いやすい性質）
> $X \perp\!\!\!\perp Y_1 \mid Z$ かつ $X \perp\!\!\!\perp Y_2 \mid Z \not\Rightarrow X \perp\!\!\!\perp (Y_1, Y_2) \mid Z$

証明.
ここでは，具体的に反例を構成してみる．X, Y_1, Y_2 を ± 1 の値をとる 2 値の確率変数とする．十分に小さい $\epsilon > 0$ に対して，$P(X=x, Y_1=y_1, Y_2=y_2) = 1/4 + \epsilon x y_1 y_2$ と定義する．このとき，$P(X, Y_i) = 1/4$ より，$X \perp\!\!\!\perp Y_i$ が成立する．一方で，$P(X=1, Y_1=y_1, Y_2=y_2) \neq P(X=-1, Y_1=y_1, Y_2=y_2)$ より，$X \perp\!\!\!\perp (Y_1, Y_2)$ は成立しない． □

確率分布関数に関する正値性条件のもとで，以下の**交差律**と呼ばれる性質も成り立ちます．

[*1] 独立性から条件付き独立性が導けなかったことを思い出しましょう．

> **定理 A.3**（条件付き独立性の性質 2.：交差律 (intersection)）
>
> $p(z) > 0$ なる z について，$p(y,w|z) > 0$ がすべての y,w で成り立つとき，以下が成立する．
>
> $X \perp\!\!\!\perp W \mid (Z,Y)$ かつ $X \perp\!\!\!\perp Y \mid (Z,W) \Rightarrow X \perp\!\!\!\perp (Y,W) \mid Z$

証明．
これも，Z を省略した状態で示せば十分．まず仮定より，

$$P(X|Y)P(W,Y) = P(X,Y,W) = P(X|W)P(W,Y)$$

である．これに，$P(Y)P(W)/P(W,Y)$ を掛けて W に関して足し上げると，$P(X,Y) = P(X)P(Y)$ が導かれる．よって，$P(X,Y,W) = P(X,Y)P(W|Y) = P(X)P(Y)P(W|Y)$ が成立する． □

A.2 半順序集合とメビウス関数

A.2.1 半順序集合の基本性質

> **定義 A.1**（半順序集合）
>
> 集合 S が**半順序集合** (partially ordered set; poset) であるとは，2項関係 $r \subset s$ $(r,s \in S)$ が以下を満たすことである．
>
> 1. $r \subset r$
> 2. $r \subset s, s \subset t \Rightarrow r \subset t$
> 3. $r \subset s, s \subset r \Rightarrow r = s$
>
> このとき，2項関係 $\subset$ は**半順序**と呼ばれる．

たとえば，集合 $\{1, 2, \ldots, N\}$ の部分集合族は，通常の集合の包含関係 $\subset$

によって半順序集合となります．また，有向非巡回グラフ $(V, \vec{E})$ は $u, v \in V$ で $u \in \mathrm{des}(v) \cup \{v\}$ のときに $u \subset v$ とすると半順序集合になります．

本文中では，有向非巡回グラフに対してトポロジカルソートの存在を示しましたが，より一般に半順序集合に対してトポロジカルソートが存在することが容易に示せます．

A.2.2 メビウス関数

有限集合 S が半順序集合であるとします．関数 $g : S \to \mathbb{R}$ から関数 $f : S \to \mathbb{R}$ を

$$f(t) = \sum_{r \subset t} g(r)$$

で定義しましょう．これはトポロジカルソートの順で添字を並べたとき，対角成分が1の下三角行列を掛けたことに相当し，可逆な線形変換になります．この逆変換

$$g(r) = \sum_{t} \omega(t, r) f(t) \tag{A.1}$$

の行列 ω を**メビウス関数**といいます．

定理 A.4（メビウス関数の漸化式）

$$\omega(r, s) = \begin{cases} 1 & r = s \text{ の場合} \\ -\sum_{t : r \subset t \subsetneq s} \omega(r, t) & r \subsetneq s \text{ の場合} \\ 0 & \text{その他の場合} \end{cases} \tag{A.2}$$

証明．

式 (A.2) により，ω を順に定義することができる．これは，式 (A.1) を満たすことが簡単に確認できる． $\square$

前述のとおり，有限集合 V の部分集合の全体は半順序集合になっているのでした．これに対するメビウス関数は，簡単に書くことができます．

> **定理 A.5（部分集合族に対するメビウスの反転公式）**
>
> 有限集合 V と，その部分集合全体の集合 $2^V = \{s | s \subset V\}$ を考える．このとき，2^V は包含関係に関して半順序集合であり，そのメビウス関数は，
>
> $$\omega(r,s) = \begin{cases} (-1)^{|s\setminus r|} & r \subset s \text{ の場合} \\ 0 & \text{その他の場合} \end{cases}$$
>
> で与えられる．

よって，$g : 2^V \to \mathbb{R}$ が与えられたとき，$f(t) = \sum_{r \subset t} g(r)$ とすると，

$$g(r) = \sum_{t \subset r} (-1)^{|r \setminus t|} f(t)$$

が成立します．

証明．

$$\sum_{s:s \subset r} (-1)^{|r\setminus s|} \sum_{u:u \subset s} g(u) = \sum_{u:u \subset s} g(u) \sum_{s:u \subset s \subset r} (-1)^{|r \setminus s|}$$
$$= \sum_{u:u \subset r} g(u) \delta_{u,r}$$
$$= g(r)$$

□

Appendix B

付録B 凸解析入門

> ここでは凸解析の基本的な事項を解説します．Fenchel の双対性定理が凸解析における双対性の強力な表現になっています．そこから多くの有用な定理が導かれることも確認しましょう．より数学的に厳密な議論については [6] を参照してください．

B.1 定義

まず最初に凸解析で基本的な定義を確認しましょう．

B.1.1 凸集合

凸集合とは，直感的にいうと「窪み」のない集合のことです．数学的には以下のように定義されます．

定義 B.1（凸集合）

ベクトル空間 E の部分集合 S が **凸集合** (**convex set**) であるとは，任意の $x_0, x_1 \in S$ に対してそれらを結ぶ線分

$$\{\lambda x_0 + (1-\lambda)x_1 | 0 \leq \lambda \leq 1\}$$

が S に含まれることをいう．

凸集合の例としては確率行列の全体，半正定値行列の全体などが挙げられ

図 B.1 凸集合の例

図 B.2 非凸集合の例

ます．また，集合 $U \subset E$ に対して，その**凸包** (convex hull) は

$$\mathrm{conv}(U) := \left\{ \sum_{i=1}^{n} \lambda_i x_i \Big| \sum_{i=1}^{n} \lambda_i = 1, x_i \in E, n \in \mathbb{N} \right\}$$

で定義され，凸集合になります．

特に，閉集合である凸集合を閉凸集合と呼びます．閉凸集合の著しい性質として，**支持超平面** (supporting hyperplane) の存在があります．

定理 B.1（定理: 支持超平面の存在）

C を閉凸集合，$\bar{x}$ をその境界上の元とする．このとき，0 でないベクトル a が存在して，任意の $x \in C$ に対して

$$\langle a, x \rangle \leq \langle a, \bar{x} \rangle$$

が成立する．

証明．
　この定理は，直感的にはもっともらしく感じられると思うが，正確にはど

のように示されるのか概略を記しておく．

まず，$\bar{x}$ が境界上に存在することから，C 外の点列 x_n で $\bar{x}$ に収束するものがとれる．C の元で，x_n からの距離が最小になるものを $\bar{x}_n$ とすると，三角不等式から $\bar{x}_n$ が $\bar{x}$ に収束することが示せる．$a_n = (x_n - \bar{x}_n)/\|x_n - \bar{x}_n\|$ と定義し，部分列を選び直すと，これはある非ゼロベクトル a に収束する．$\bar{x}_n$ の選び方から，$0 \leq \lambda \leq 1$ で

$$\|\lambda x + (1-\lambda)\bar{x}_n - x_n\|^2 \geq \|\bar{x}_n - x_n\|^2$$

が成立する．λ の係数が正であることから，$\langle a_n, x - x_n \rangle \leq 0$ がわかる．この極限をとれば主張が従う． □

B.1.2 凸関数

関数についても凸性を定義することができます．直感的にいうと凸関数とは "グラフが下の方に出っ張った関数" です．数学的な定義は以下のとおりです．

定義 B.2（凸関数）

関数 $f : E \to (-\infty, \infty]$ が**凸関数** (**convex function**) であるとは，任意の $x_0, x_1 \in E$，$0 \leq \lambda \leq 1$ に関して以下が成立することをいう．

$$f(\lambda x_0 + (1-\lambda)x_1) \leq \lambda f(x_0) + (1-\lambda)f(x_1)$$

特に，$\lambda \neq 0, 1$ で等号が成立しないとき，**狭義凸関数**であるという．

関数 $f : E \to [-\infty, \infty)$ は $-f$ が凸関数であるとき**凹関数** (**concave function**) といいます．直観的には，「グラフが上の方に出っ張った関数」になります．

凸関数の定義から，以下の事実は簡単に確認できます．

- 関数 f, g が凸ならば，関数 $f + g$ も凸．
- 関数 f, g が凸ならば，関数 $\max(f, g)$ も凸．

上記凸関数の定義は，**エピグラフ** (**epigraph**)

$$\mathrm{epi}(f) := \{(x,y) | f(x) \leq y\}$$

が凸集合であるということと同値です．特にこの集合が閉集合であるとき，**閉凸関数**[*1]といいます．ベクトル空間 E の中で，f の値が有限値である部分を**定義域** (**domain**) といいます．

$$\mathrm{dom}(f) := \{x \in E | f(x) < \infty\}$$

定義から明らかに，これは凸集合になります．

さて，定理 B.1 からわかるように，エピグラフの境界上の点 $(x_0, f(x_0))$ には支持超平面が存在します．このことから，あるベクトル ϕ が存在して，

$$f(x) \geq \langle \phi, x - x_0 \rangle + f(x_0) \tag{B.1}$$

が成立することがわかります．一般に，点 x_0 で式 (B.1) を成立させるような ϕ を**劣微分** (**subgradient**) といい，点 x_0 での劣微分全体の集合を $\partial f(x_0)$ と書きます．これも凸集合になります．

劣微分の存在を用いると，以下の非常に有用な不等式を示すことができます．

定理 B.2（イェンセン (**Jensen**) の不等式）

関数 f が凸であるとする．このとき，任意の点集合 $x_1, x_2, \ldots, x_n$ と正係数 $\lambda_1, \lambda_2, \ldots, \lambda_n$ で $\sum_{i=1}^{n} \lambda_i = 1$ を満たすものに対し，

$$\sum_{i=1}^{n} \lambda_i f(x_i) \geq f\left(\sum_{i=1}^{n} \lambda_i x_i\right)$$

が成立する．

証明． $x_0 = \sum_{i=1}^{n} \lambda_i x_i$ とおく．式 (B.1) を用いれば容易に示される． □

[*1] 閉凸関数は凸関数の中でもよい性質をもっています．応用上出てくる凸関数の大半は閉凸関数です．

特に関数 f が微分可能な凸関数である場合，劣微分はその点での微分のみから成る集合になります．すなわち，

$$\partial f(x) = \{\nabla f(x)\}$$

となります．このことは，$g(t) = f(tv + x)$ として，$t \to \pm 0$ を計算すれば確認できます．逆に凸関数 f の劣微分がただ 1 つの元からなる集合のとき，f は微分可能です．

f が 2 回微分可能な凸関数である場合，ヘッセ行列は常に半正定値になります．これは，$g''(t) \geq 0$ であることから容易に導けます．逆に 2 回微分可能な関数 f のヘッセ行列が常に半正定値であれば f は凸になります．

B.2 Fenchel 双対

B.2.1 Fenchel 双対の定義

任意の凸関数にはその双対が存在します[*2]．

> **定義 B.3（Fenchel 双対）**
>
> 凸関数 $f : E \to (-\infty, \infty]$ に対して，その **Fenchel 双対** (**Fenchel dual**) とは以下で定義される凸関数である．
>
> $$f^*(\phi) = \sup_{x \in E} \{\langle \phi, x \rangle - f(x)\}$$

f^* は線形な関数の sup によって定義されていることから，閉凸関数になります．

定義式より

$$f^*(\phi) + f(x) \geq \langle \phi, x \rangle$$

が任意の ϕ, x で成り立ちます．これは Fenchel-Young の不等式と呼ばれます．特に，ϕ が点 x_0 での劣微分であるとき，任意の $x \in E$ に対して式 (B.1) が成立することから，等式，

[*2] この変換は，Fenchel-Legendre 変換とも呼ばれます．これは物理で Legendre 変換と呼ばれるものと本質的に同じです．

$$f^*(\phi) + f(x_0) = \langle \phi, x_0 \rangle \tag{B.2}$$

が成立します．

> **定理 B.3**（定理: Fenchel の双対性定理）
>
> 閉凸関数 f に関して，
> $$f = f^{**}$$
> が成立する．

このように，何かの操作をして，またその操作を行ってもとに戻ってくるような関係性を双対性といいます．この定理の場合，うつった先も凸関数の族なので，自己双対性といいます．[*3]

証明．
まず，任意の $x_0 \in E$ に対して $f^{**}(x_0) \leq f(x_0)$ が成立することを示そう．まず，Fenchel 変換の定義より，任意の $\epsilon > 0$ に対して ϕ_ϵ が存在して，

$$f^{**}(x_0) - \epsilon < \langle \phi_\epsilon, x_0 \rangle - f^*(\phi_\epsilon)$$

が成立する．さらに f^* に定義を適用して，任意の $x \in E$ に対して

$$f^{**}(x_0) - \epsilon < \langle \phi_\epsilon, x_0 - x \rangle + f(x)$$

が得られる．特に $x = x_0$ とすればよい．

逆向きの不等式は，$\phi'_0 \in \partial f(x_0)$ を選ぶと式 (B.2) から以下のように容易に示せる．

$$f^{**}(x_0) \geq \langle x_0, \phi'_0 \rangle - f^*(\phi'_0) = f(x_0)$$

□

B.2.2 Fenchel 双対の性質

この証明からもわかるように，f と f^* の劣微分の間には密接な関係があります．式 (B.2) と定理 B.3 より，

$$\phi \in \partial f(x) \Leftrightarrow x \in \partial f^*(\phi) \tag{B.3}$$

[*3] たとえばフーリエ変換も自己双対性の一種です．

が成立します．

さらに，微分可能性と狭義凸性が双対的な性質であることがわかります．

> **定理 B.4**（微分可能性と狭義凸性）
>
> 凸関数 f に関して，以下が成立する．
>
> 1. f が微分可能 $\Rightarrow$ f^* が狭義凸
> 2. f が狭義凸 $\Rightarrow$ f^* が微分可能

証明．
まず，f が微分可能であるとする．$\phi \in \partial f(x)$ とすると，$\phi' \neq \phi$ は $\phi' \notin \partial f(x)$ である．よって，$f^*(\phi') > \langle \phi', x \rangle - f(x) = \langle \phi' - \phi, x \rangle + f^*(\phi)$ が従い，f^* が狭義凸であることがいえた．

次に f が狭義凸であるとする．$x, x' \in \partial f^*(\phi)$ とすると，$f(x) = \langle \phi, x \rangle - f^*(\phi), f(x') = \langle \phi, x' \rangle - f^*(\phi)$ より，$f(x) = \langle \phi, x - x' \rangle + f(x')$ が成立する．よって f の狭義凸性より，$x = x'$ がいえ，f^* が微分可能であることが示せた． □

B.2.3　Fenchel 双対の例

行列 A が正定値行列のとき，2 次形式

$$f(x) = \frac{1}{2} x^T A x + b^T x$$

は凸関数になります．容易に確認できるとおり，その Fechel 双対は以下のようになります．

$$f^*(y) = \frac{1}{2}(y - b)^T A^{-1}(y - b)$$

B.3　凸最適化問題の双対性

この章の最後に，凸最適化問題のラグランジュ双対を解説します．この双対性は Fenchel 双対性から比較的簡単に導くことができます．

B.3.1 凸最適化問題

凸最適化問題 (**convex optimization problem**) とは，与えられた凸関数 $f, g_1, \ldots, g_m$ に対して，

$$p = \inf \{f(x) | g_i(x) \leq 0, i = 1, \ldots, m, x \in E\} \tag{B.4}$$

を求める問題です．以下ではこの問題は実行可能 (**feasible**)，すなわちある x_0 が存在して $g_i(x_0) \leq 0 (i = 1, \ldots, m))$ と仮定します．

この最適化問題のラグランジュ関数 $L : E \times \mathbb{R}^m_{\geq 0} \to (-\infty, \infty]$ は，

$$L(x; \lambda) = f(x) + \lambda^T g(x)$$

で定義されます．これを使うと主問題の最適値 p は以下のように書くことができます．

$$p = \inf_{x \in E} \sup_{\lambda \in \mathbb{R}^m_{\geq 0}} L(x; \lambda) \tag{B.5}$$

さて，この inf と sup の順序を交換したものを考えてみましょう．この値を d とおくことにします．

$$d = \sup_{\lambda \in \mathbb{R}^m_{\geq 0}} \inf_{x \in E} L(x; \lambda) \tag{B.6}$$

ここで，$\Phi(\lambda) = \inf_{x \in E} L(x; \lambda)$ とおくと，λ に関する最適化問題とみることができます．主問題 (B.4) に対して双対問題と呼ばれます．この最適化問題は制約範囲が簡単になっているので，$\Phi(\lambda)$ が計算可能であれば，解きやすいことが多いのです．

一般に sup を先にとったほうが大きくなるので，$d < p$ が明らかに成立します．この不等式は弱双対性 (**weak duality**) と呼ばれ，これは最適化問題の凸性を仮定しなくても成立します．実はこの d と p の値が等しくなるというのが凸性の重要な帰結です．これは強双対性 (**strong duality**) と呼ばれます．

B.3.2 強双対性

凸最適化問題の強双対性をみるために以下のような関数を定義しましょう．

$$v(b) = \inf\{f(x) | g(x) \leq b\}$$

これは定義から容易に，b の関数として凸関数であることがわかります．

この Fenchel 双対関数 v^* を計算してみましょう．

$$\begin{aligned} v^*(-\lambda) &= \sup\{-\lambda^T b - v(b) | b \in \mathbb{R}^m\} \\ &= \sup\{-\lambda^T b - f(x) | g(x) + z = b, x \in \mathrm{dom}(f), b \in \mathbb{R}^m, z \in \mathbb{R}^m_{\geq 0}\} \\ &= \begin{cases} -\Phi(\lambda) & \lambda \geq 0 \text{ の場合} \\ \infty & \text{その他の場合} \end{cases} \end{aligned}$$

よって，本質的に双対問題の目的関数になっていることがわかります．

さらに，双対問題の最適値は，

$$d = -\inf_{\lambda \in \mathbb{R}^m_{\geq 0}} -\Phi(\lambda) = -\inf_{\lambda \in \mathbb{R}^m} v^*(-\lambda) = v^{**}(0)$$

と書けることがわかります．

以上をまとめると以下の定理を得ます．

> **定理 B.5（凸最適化問題の強双対性）**
>
> 式 (B.5),(B.6) のとおり，p, d をそれぞれ，主問題と双対問題の最適値とする．このとき，$v^{**}(0) = v(0)$ であれば[*4]
>
> $$d = p$$
>
> が成立する．

B.3.3 KKT ベクトルと最適性条件

ここまでは，最適値についてみましたが，最適解についても考えてみましょう．

---

*4 応用上，この条件はほぼいつも成り立つのであまり気にする必要はありません．

> **定理 B.6**（双対問題の解は **KKT** ベクトル）
>
> 凸最適化問題 (B.4) において，$\bar{\lambda}$ がその双対問題の最適解であることは，
> $$p = \inf\{f(x) + \bar{\lambda}^T g(x) | x \in E\} \tag{B.7}$$
> が成立することと同値である．

一般に式 (B.7) が成立するような $\bar{\lambda}$ のことを **KKT ベクトル (Karush-Kuhn-Tucker vector)** といいます．KKT ベクトルが得られれば，主問題は制約なしの最適化によって解くことができます．この定理は，凸最適化問題では主問題の KKT ベクトルが双対問題の最適解にほかならないことを意味しています．

証明．

先ほど確認した Φ と v^* の関係より，$\bar{\lambda}$ が双対問題の最適解であることと，$0 \in \partial v^*(-\bar{\lambda})$ は同値である．さらに式 (B.3) より，これは $-\bar{\lambda} \in \partial v(0)$ とも同値．

次に $v(b)$ の定義から，
$$\inf_b \{v(b) + \bar{\lambda}^T b\} = \inf_x \{f(x) + \bar{\lambda}^T g(x)\}$$
のように書き換えられることに注意すると，式 (B.7) は $v(0) = \inf_b \{v(b) + \bar{\lambda}^T b\}$，すなわち $v(0) \leq v(b) + \bar{\lambda}^T b$ と同値である．劣微分の定義より，この条件は $-\bar{\lambda} \in \partial v(0)$ にほかならない． □

最後に，主問題の最適解 $\bar{x}$ についても考えてみましょう．これはつまり，$p = f(\bar{x})$ であり，$g(\bar{x}) \leq 0$ を意味します．このとき，
$$\inf_{x \in E}\{f(x) + \bar{\lambda}^T g(x)\} = f(\bar{x}) \geq f(\bar{x}) + \bar{\lambda}^T g(\bar{x}) \geq \inf_{x \in E}\{f(x) + \bar{\lambda}^T g(x)\}$$
に注意すると，この式はすべて等号で成立することがわかります．特に，$\bar{\lambda}^T g(\bar{x}) = 0$ が導かれます．

以上の考察より，主問題の最適解 $\bar{x}$ と 双対問題の最適解 $\bar{\lambda}$ に関して

$$\bar{\lambda}^T g(\bar{x}) = 0$$

が成立します．これは**相補性条件** (**complementary slackness**) と呼ばれます．

Appendix C

付録C 指数型分布族

> ここでは指数型分布族の基本的な事項を解説します．指数型分布族の性質は凸解析の言葉を使うと見通しよく理解することができます．

C.1 指数型分布族の定義

指数型分布族は統計学の中で基本的な確率分布族として知られています．

定義 C.1（指数型分布族）

集合 $\mathcal{X}$ に対し，$T: \mathcal{X} \to E$ なるベクトル値関数と $h: \mathcal{X} \to \mathbb{R}_{\geq 0}$ なる正値関数が与えられているとする．
$$p(x|\theta) = \frac{1}{Z(\theta)} \exp(\langle \theta, T(x) \rangle) h(x) \quad \theta \in E$$
で定義される確率分布族を**指数型分布族**（exponential family）という．ここで，T は**十分統計量**と呼ばれ，$Z(\theta)$ は規格化定数である．

指数型分布族の例としてはガウス分布が考えられます．$\mathcal{X} = \mathbb{R}$ で $T(x) = (x, x^2)$，$h(x) = 1$ とすると，ガウス分布の確率密度関数は

$$\frac{1}{\sqrt{2\pi\sigma^2}}\exp(-\frac{(x-\mu)^2}{2\sigma^2}) = \frac{1}{Z(\theta)}\exp(\frac{\mu}{\sigma^2}x - \frac{1}{2\sigma^2}x^2)$$

のように書き換えられます．

ほかの例としては，$\mathcal{X} = \{0,1\}$ のように有限集合のケースがあります．$T(x) = x$, $h(x) = 1$ とおくと，

$$p(x|\theta) = \frac{\exp(\theta x)}{1 + \exp(\theta x)} \qquad (x = 0 \text{ または } 1) \tag{C.1}$$

のように確率を定めることができます．パラメタ θ を $-\infty$ から ∞ まで動かすと，$x = 1$ の確率値が 0 から 1 まで動きます．

指数型分布族の十分統計量のとり方は，集合として同じ確率分布族を定めるにしても，冗長にとることができます．たとえば，上記の $\mathcal{X} = \{0,1\}$ の場合でも，$T(x) = (1-x, x)$ として，

$$p(x|\theta_0, \theta_1) = \frac{\exp(\theta_0(1-x) + \theta_1 x)}{\exp(\theta_0) + \exp(\theta_1)}$$

としても，式 (C.1) と同じ確率分布の集合を定めることができます．ただし，$p(x|\theta_0, \theta_1) = p(x|\theta_0', \theta_1')$ となるという意味で，このパラメタ付けには冗長性があります．このような冗長性がなく，最小の次元数の十分統計量のとり方をした指数型を，極小であるといいます．

定義 C.2（極小な指数型分布族）

指数型分布族を定める十分統計量 $T : \mathcal{X} \to E$ に対して，あるベクトル $d \neq 0$ が存在して，$h(x) > 0$ である任意の $x \in \mathcal{X}$ で

$$\langle d, T(x) \rangle = C \tag{C.2}$$

が成立するとき，これを **過完備 (overcomplete)** であるという．ただしここで，C は $x \in \mathcal{X}$ に依らない定数である．過完備でないとき，**極小 (minimal)** であるという．

過完備な十分統計量のとり方は極小なものに直すことができます．式 (C.2) が成り立つとき，$d_i \neq 0$ として

$$T_i(x) = \frac{1}{d_i}(C - \sum_{j \neq i} d_j T_j(x))$$

から $T_i(x)$ を消去することができます．これを繰り返すと十分統計量を極小にすることができます．

基本的には，十分統計量は極小にとればよいのですが，過完備にとったほうが十分統計量の式がきれいになるケースがあります．たとえば，$\mathcal{X} = \{1, 2, \ldots, K\}$ の場合，デルタ関数

$$\delta_k(x) = \begin{cases} 1 & x = k \text{ の場合} \\ 0 & \text{その他の場合} \end{cases}$$

を用いて $T(x) = (\delta_k(x))_{k=1}^{K}$ と定義すると過完備になります．実際，$d = (1, 1, \ldots, 1)$ として，$\langle d, T(x) \rangle = 1$ が成立します．代わりに $T'(x) = (\delta_k(x) - \delta_K(x))_{k=1}^{K-1}$ と定義すると極小になります．

以下では，簡単のため指数型分布族の十分統計量は極小にとられているものとします．過完備の場合は極小な場合に帰着させて考えることができます．

C.2 指数型分布族のパラメタ変換

C.2.1 指数型分布族のパラメタ変換の導出

指数型分布族の対数分配関数 $\varphi(\theta) = \log Z(\theta)$ は凸関数になります．実際，微分を計算すると

$$\frac{\partial \varphi(\theta)}{\partial \theta} = \mathrm{E}_\theta[T] \tag{C.3}$$

$$\frac{\partial^2 \varphi(\theta)}{\partial \theta \partial \theta} = \mathrm{Var}_\theta[T]$$

が確認できます．$\mathrm{Var}_\theta[T]$ は分散共分散行列の定義より常に半正定値なので $\varphi(\theta)$ は凸であることがいえます．特に指数型分布族が極小であるとすれば，$\mathrm{Var}_\theta[T]$ は正定値になります．

ちなみに，この凸性から対数尤度関数が凹関数であることがわかります．これは，指数型分布族では最尤法が凸最適化問題になることを意味します．

対数分配関数の Fenchel 双対 $\psi(\mu)$ を考えてみましょう．$\varphi(\theta)$ が微分可

能性で狭義凸であることより，$\psi(\mu)$ も微分可能で狭義凸になります．式 (B.3) は

$$\frac{\partial \varphi(\theta)}{\partial \theta} = \mu \Leftrightarrow \frac{\partial \psi(\mu)}{\partial \mu} = \theta$$

となり，θ と μ の間に1対1の変換があることがわかります．この変換 $\theta \to \mu$ はモーメント写像と呼ばれます．このような関係があるということは，指数型分布族の元をパラメタ付けるのに，θ ではなく μ を使ってもよいことになります．式 (C.3) からわかるとおり，μ は十分統計量の期待値なので**期待値パラメタ (expectaion parameter)** と呼ばれます．これに対してもとのパラメタ θ は**自然パラメタ (natural parameter)** と呼ばれます．

この対応関係のもとで，$\psi(\mu)$ を書き直してみましょう．簡単のため，$h(x) = 1$ とすると，

$$\begin{aligned}\psi(\mu) &= \sup_{\theta}\{\langle \theta, \mu \rangle - \varphi(\theta)\} \\ &= \mathrm{E}_{\theta(\mu)}[\log p(x|\theta(\mu))]\end{aligned} \tag{C.4}$$

が成り立ちます．これはすなわち，対数尤度の期待値です．[*1]

C.2.2 例 1. 平均 0 の多次元ガウス分布

平均 0 の多次元ガウス分布は

$$\exp(-\frac{1}{2}x^T J x) = \exp(\sum_{i<j} J_{ij} x_i x_j + \sum_i J_{ii} \frac{1}{2} x_i^2)$$

と書き直せるので，$\mathcal{X} = \mathbb{R}^d$，$T(x) = \{x_i x_j\}_{i<j} \cup \{x_i^2/2\}_i$ として，自然パラメタ $J = (J_{ij})$ の指数型分布族になります．このとき J は $J_{ij} = J_{ji}$ で，正定値対称行列の範囲で考えます．

定義から計算すると

$$\varphi(J) = \frac{1}{2}\log\det J$$
$$\psi(\Sigma) = \frac{1}{2}\log\det \Sigma$$

となることがわかります．このモーメント写像は $J \mapsto J^{-1}$ となります．

[*1] エントロピーのマイナス 1 倍ともいえます．

C.2.3　例 2. 有限集合の場合

集合 $\mathcal{X}$ が有限集合の場合，その上の指数型分布族の自然パラメタは $\mathbb{R}^d$ 全体を動かすことができます．一方，期待値パラメタの値のとる範囲は，十分統計量の値の凸包として定まる，凸多胞体になります．

> **定理 C.1**（期待値パラメタの値の範囲）
>
> 有限集合 $\mathcal{X}$ 上の指数型分布族が与えられているとし，T をその十分統計量，Φ をモーメント写像とします．また，$h(x) > 0$ がすべての $x \in \mathcal{X}$ で成り立つものとします．このとき，
>
> $$\Phi(\mathbb{R}^d) = \text{int}(\mathbb{M})$$
>
> が成立します．ただしここで，d は十分統計量の次元数，int は集合の内点を表します．また，$\mathbb{M} := \text{conv}(T(x) | x \in \mathcal{X})$ は周辺確率凸多胞体と呼ばれます．

証明．

まず，任意の $\theta \in \mathbb{R}^d$ に対して，$\Phi(\theta) \in \text{int}(\mathbb{M})$ を示す．$\Phi(\theta) = \mathrm{E}_\theta[T]$ より，$\Phi(\theta) \in \mathbb{M}$ は明らか．この期待値計算ではすべての $x \in \mathcal{X}$ の係数が正であることに注意すると，$\text{int}(\mathbb{M})$ に入ることも従う．

逆に任意の $\eta_0 \in \text{int}(\mathbb{M})$ に対してある θ_0 が存在して $\Phi(\theta_0) = \eta_0$ となることを示す．まず $f(\theta) = \varphi(\theta) - \langle \theta, \eta_0 \rangle$ とおくと，これは凸関数であるが，微分が 0 になる点があることを示せばよい．これには任意のベクトル γ に対して $f(t\gamma) \to \infty$ $(t \to \infty)$ を示せば十分．任意のベクトル γ に対してある $\epsilon > 0$ が存在して，

$$H_{\gamma,\epsilon} = \{x \in \mathcal{X} | \langle \gamma, T(x) - \eta_0 \rangle > \epsilon\}$$

は空集合ではない．なぜならもし，任意の $x \in \mathcal{X}$ で $\langle \gamma, T(x) \rangle \le \langle \gamma, \eta_0 \rangle$ であるとすると，$\eta_0 \in \text{int}(\mathbb{M})$ に矛盾する．以上より，const を t に依らない定数として，

$$f(t\gamma) = \log\left(\sum_{x\in\mathcal{X}} \exp(\langle t\gamma, T(x)-\eta_0\rangle)h(x)\right) + \text{const}$$
$$\geq \log\left(\sum_{x\in H_{\gamma,\epsilon}} \exp(\langle t\gamma, T(x)-\eta_0\rangle)\right) + \text{const} \geq t\epsilon + \text{const}$$

が成り立つ．よって，$t\to\infty$ で $f(t\gamma)\to\infty$ が示せた． $\square$

参考文献

[1] O. Banerjee et al.. Model selection through sparse maximum likelihood estimation Multivariate Gaussian or Binary Data. In *The Journal of Machine Learning Research*, 9, pp.485–516, 2008.

[2] O. Banerjee et al.. Convex optimization techniques for fitting sparse gaussian graphical models. In *Proceedings of the 23rd International Conference on Machine Learning*, pp.89–96, 2006.

[3] M. Beal, Variational Bayesian Hidden Markov Models, PhD thesis, 2003.

[4] C.M. ビショップ. パターン認識と機械学習 (上), 丸善出版, 2012.

[5] C.M. ビショップ. パターン認識と機械学習 (下), 丸善出版, 2012.

[6] M. Borwein and A. Lewis. *Convex Analysis and Nonlinear Optimization: Theory and Examples*, 2nd. ed. (CMS Books in Mathematics), Springer, 2006.

[7] F. Bromberg, *Markov network structure discovery using independence tests*, Iowa University, 2007.

[8] C. K. Chow and C. N. Liu. Approximating discrete probability distributions with dependence trees. In *IEEE Transactions on Information Theory*, 14(3), pp.462–467, 1968.

[9] G. Elidan et al. Residual belief propagation: Informed scheduling for asynchronous message-passing. In *Proceedings of the 22nd Annual Conference on Uncertainty in Artificial Intelligence*, pp.165–173, 2006.

[10] G. Geiger, T. Verma and J. Pearl. d-separation: From theorems to algorithms. In *Proceedings of the 5th Annual Conference on Uncertainty in Artificial Intelligence*, pp.139–148, 1990.

[11] A. Globerson et al.. Fixing max-product: Convergent message passing. In *Advances in Neural Information Processing Systems 20*, pp.553–560, 2008.

[12] S. Ikeda et al. Convergence of The Wake-Sleep Algorithm. In *Advances in Neural Information Processing Systems 11*, pp.239–245, 1999.

[13] S. Ikeda et al.. Stochastic reasoning, free energy, and information geometry. In *Neural Computation*, 16(9), pp.1779–1810, 2004.

[14] 稲垣宣生. 数理統計学 改訂版 (裳華房数学シリーズ), 裳華房, 2003.

[15] S.-I. Lee, V. Ganapathi, and D. Koller. Efficient structure learning of Markov networks using L_1- regularization, In *Advances in Neural Information Processing Systems 19*, pp.1137–1144, 2007.

[16] Q. Liu and A. Ihler. Distributed Parameter Estimation via Pseudo-likelihood. In *Proceedings of the 29th International Conference on Machine Learning*, pp.1487–1494, 2012.

[17] S. Mase. Consistency of the Maximum Pseudo-Likelihood Estimator of Continuous State Space Gibbsian Processes. In *The Annals of Applied Probability*, 5(3), pp.603–612, 1995.

[18] G. Mclachlan, *The EM Algorithm and Extensions 2nd ed.* (Wiley Series in Probability and Statistics), Wiley, 2008.

[19] Mceliece et al.. Belief Propagation on Partially Ordered Sets, In *Mathematical systems theory in biology, communications, computation, and finance*, pp.275–298, 2003.

[20] T. Minka. Expectation propagation for approximate Bayesian inference. In *Proceedings of the 17th Conference on Uncertainty in Artificial Intelligence*, pp.362–369, 2001.

[21] 岡谷貴之. 深層学習 (機械学習プロフェッショナルシリーズ), 講談社, 2015.

[22] P. Pakzad and V. Anantharam. Estimation and Marginalization using Kikuchi Approximation Methods, In *Neural Computation*, 17(8), pp.1836–1873, 2005.

[23] F. Ricci-Tersenghi. The Bethe approximation for solving the inverse Ising problem: a comparison with other inference methods. In *Journal of Statistical Mechanics: Theory and Experiment*, 2012

[24] L. Saul and M. Jordan. Exploiting tractable substructures in intractable networks. In *Advances in Neural Information Processing Systems 8*, pp.486–492, 1996.

[25] L. Song et al.. Hilbert Space Embeddings of Conditional Distributions with Applications to Dynamical Systems. In *Proceedings of the 26th Annual International Conference on Machine Learning*, pp.961–968, 2009.

[26] D. Sontag, Approximate Inference in Graphical Models using LP Relaxations, PhD thesis, 2010.

[27] D. Sontag and T. Jakkola. New Outer Bounds on the Marginal Polytope. In *Advances in Neural Information Processing Systems 20*, pp.1393–1400, 2008.

[28] D. Sontag et al.. Tightening LP Relaxations for MAP using message passing. In *Proceedings of the 24th Conference on Uncertainty in Artificial Intelligence*, pp.503–510, 2008

[29] S. Sra et al.(eds.). *Optimization for Machine Learning* (Neural Information Processing series), The MIT Press, 2011.

[30] E. Sudderth et al.. Nonparametric Belief Propagation. In *Computer Vision and Pattern Recognition*, 1, pp.605–612, 2003.

[31] 杉山将. 機械学習のための確率と統計 (機械学習プロフェッショナルシリーズ), 講談社, 2015.

[32] I. Tsamardinos et al.. The max-min hill-climbing Bayesian network structure learning algorithm. In *Machine Learning*, 65(1), pp.31–78, 2006.

[33] P. Tseng. Convergence of a block coordinate descent method for nondifferentiable minimization. In *Journal of optimization theory and applications*, 109(3), pp.475–494, 2001.

[34] 植野真臣. ベイジアンネットワーク, コロナ社, 2013.

[35] T. Verma and J. Pearl. Causal networks: Semantics and expressiveness, In *Proceedings of the 4th Annual Conference on Uncertainty in Artificial Intelligence*, pp.69–78, 1990.

[36] T. Verma and J. Pearl. Equivalence and Synthesis of Causal Models, In *Proceedings of the 6th Annual Conference on Uncertainty in Artificial Intelligence*, pp.255–270, 1991.

[37] M. Wainwright, Graphical Models, *Exponential Families, and Variational Inference* (Foundations and Trends in Machine Learning), Now Publishers, 2008.

[38] Y. Watanabe and K. Fukumizu. Graph zeta function in the Bethe free energy and loopy belief propagation. In *Advances in Neural Information Processing System 22*, pp.2017–2025, 2010.

[39] Y. Watanabe. Uniqueness of Belief Propagation on Signed Graphs. In *Advances in Neural Information Processing Systems 24*, pp.1521–1529, 2011.

[40] C. Yanover et. al.. Linear Programming Relaxations and Belief Propagation - an Empirical Study. In *The Journal of Machine Learning Research*, 7, pp.1887–1907, 2006.

索引

英数字

2 値ペアワイズ ― 48
2 部グラフ ― 44
2 部グラフ表示 ― 44
Chow-Liu のアルゴリズム ― 138
coordinate descent ― 90
Dijkstra のアルゴリズム ― 128
d 分離 ― 31
EAP 推定量 ― 88
EM アルゴリズム ― 103
Fenchel-Young の不等式 ― 149
Fenchel 双対 ― 149
Fenchel 双対の性質 ― 150
Fenchel の双対性定理 ― 150
Generalized MPLP ― 132
GS アルゴリズム ― 137
Hammersley-Cliford の定理 ― 39
Hasse 図 ― 71
head to head ― 28
head to tail ― 28
I-map ― 26
IPF アルゴリズム ― 90
KKT ベクトル ― 154
KL ダイバージェンス ― 81, 101
Loopy Belief Propagation Algorithm ― 63
LP 緩和問題 ― 128
MAP 推定 ― 115
MAP 推定量 ― 88
MAP 割り当て ― 4, 115
max product algorithm ― 119
max-sum diffusion (MSD) アルゴリズム ― 132
MCEM アルゴリズム ― 107
MPLP アルゴリズム ― 130
NP 困難 ― 52
PC アルゴリズム ― 137
Q 関数 ― 103
SGS アルゴリズム ― 136
STA (Strong Tree Agreement) 条件 ― 122
sum product algorithm ― 119
tail to tail ― 28
TRW 最大伝搬法 ― 120
TRW 上界 ― 93, 96
V 構造 ― 29
wake-sleep アルゴリズム ― 107
σ-加法族 ― 9

Index

あ行

アクティブ ── 30
アクティブな無向路 ── 30
イェンセンの不等式 ── 95, 101, 148
イジングモデル ── 6
一致性 ── 86
一般化確率伝搬法 ── 75
遺伝子型 ── 1
因子 ── 45
因子関数 ── 45
因子グラフ ── 45
因子グラフ型モデル ── 45
因子グラフ表現 ── 43
因子分解 ── 38
エピグラフ ── 148
エントロピー関数の TRW 上界 ── 94
凹関数 ── 147
親 ── 22

か行

過完備 ── 89, 158
確率 ── 10
確率空間 ── 10
確率質量関数 ── 11
確率推論 ── 51
確率的 EM アルゴリズム ── 107
確率伝搬法 ── 55, 57, 119
確率分布関数 ── 11
確率変数 ── 10, 19
確率密度関数 ── 19
隠れ変数 ── 99
隠れマルコフモデル ── 59
可測空間 ── 9
可測集合 ── 9
カット ── 127
完全部分グラフ ── 38
緩和問題 ── 125
木 ── 53
菊池エントロピー関数 ── 74
菊池近似 ── 71, 74
菊池自由エネルギー関数 ── 70, 77
擬周辺確率凸多胞体 ── 67
擬周辺確率分布 ── 67
期待値パラメタ ── 160
木幅 ── 61
ギブスサンプリング ── 84
ギブス自由エネルギー関数 ── 66
ギブス分布 ── 7
擬尤度関数 ── 97
狭義凸関数 ── 147
狭義凸性 ── 151

索引

強双対性	152
極小	158
極小な指数型分布族	158
局所最適性	105
局所整合性条件	64
局所マルコフ	36
近傍	36
クラスター集合族	71
クラスター変分法	70
グラフィカルモデル	43
クリーク	38
血液型	1
子	22
交差律	141
構造学習	6, 85, 133
構造付き平均場近似	83
コントラスティブダイバージェンス法	107

さ行

サイクル	53
サイクル不等式	127
最大周辺分布	116
最大伝搬法	118, 119
最尤推定法	85
座標降下法	90
サンプリング	84
σ-加法族	9
自己整合性方程式	83
支持超平面	146
次数	44
指数型分布族	157
自然パラメタ	160
子孫	22
始頂点	22
実行可能	152
弱結合律	139
弱双対性	152
ジャンクションツリーアルゴリズム	61
終頂点	22
重複数	73
十分統計量	157
周辺化	12
周辺確率凸多胞体	123, 161
縮約律	139
主問題	128, 152
条件付き確率	14
条件付き確率密度関数	20
条件付き独立	16
条件付き独立性の性質	139, 141
真偽値充足問題	48
整数端点	125
制約ボルツマンマシン	107

節 — 48
切除平面法 — 126
全域木 — 120
先祖からのサンプリング — 84
双対ギャップ — 130
双対分解 — 128, 129
双対問題 — 129, 152
相補性条件 — 130, 155

た行

大域マルコフ — 36
対称律 — 139
互いに素 — 10
端点 — 124
超木 — 74
超グラフ — 43
頂点 — 21
超辺 — 43
定義域 — 148
同時確率質量関数 — 12
同時確率分布関数 — 12
動的計画法 — 54
独立 — 13
独立性条件による方法 — 134
凸関数 — 147
凸最適化問題 — 152

凸最適化問題の強双対性 — 153
凸集合 — 145
凸包 — 146
トポロジカルソート — 23

な行

2値ペアワイズ — 48
2部グラフ — 44
2部グラフ表示 — 44

は行

葉 — 53
ハイパーエッジ — 43
ハイパーグラフ — 43
パラメタ学習 — 7, 85
半順序 — 141
半順序集合 — 141
半順序集合の基本性質 — 141
非子孫 — 23
微分可能性 — 151
標本空間 — 10
部分グラフ — 21
分数端点 — 125
分離アルゴリズム — 127
分離律 — 139
ペアワイズ — 47
ペアワイズマルコフ — 36

平均場近似	81
ベイジアンネットワーク	24
ベイジアンネットワークの因子分解	25
ベイジアンネットワークの構成	26
ベイジアンネットワークの構造学習	136
ベイズの定理	3
閉凸関数	148
閉路	22
ベーテエントロピー関数	69
ベーテ近似	67
ペロン-フロベニウス (Peron Frobenius) の定理	66
変分下界	101
変分近似	92
変分的 EM アルゴリズム	101, 103, 106
変分的 E-step	103, 106
変分的 M-step	103, 106
変分ベイズ法	101
変分法	68
ボルツマンマシン	107, 109

ま行

交わりに関して閉じている	71
マルコフ確率場	6, 36
マルコフ過程	27
マルコフ性	36
マルコフブランケット	36
路	22, 35
無向グラフ	35
無向路	29
メッセージ	55
メッセージ伝搬アルゴリズム	123
メビウス関数	142
メビウス関数の漸化式	142
メビウスの反転公式	143
モーメント写像	160
モラル化	40

や行

有向グラフ	21
有向非巡回グラフ	22
有向辺	21

ら行

離散的な確率変数	10
劣微分	148
連結	53
連言標準形	48

著者紹介

渡辺 有祐(わたなべ ゆうすけ) 博士(学術)
2006年 京都大学理学部物理学科卒業
2010年 総合研究大学院大学複合科学研究科統計科学専攻博士課程修了
現 在 Amazon.com, Inc. Applied Scientist

NDC007 183p 21cm

機械学習プロフェッショナルシリーズ
グラフィカルモデル

2016年4月19日　第1刷発行
2021年12月16日　第2刷発行

著 者	渡辺 有祐(わたなべ ゆうすけ)
発行者	髙橋明男
発行所	株式会社 講談社
	〒112-8001　東京都文京区音羽2-12-21
	販売　(03)5395-4415
	業務　(03)5395-3615
編 集	株式会社 講談社サイエンティフィク
	代表　堀越俊一
	〒162-0825　東京都新宿区神楽坂2-14　ノービィビル
	編集　(03)3235-3701
本文データ制作	藤原印刷株式会社
カバー・表紙印刷	豊国印刷株式会社
本文印刷・製本	株式会社 講談社

KODANSHA

落丁本・乱丁本は、購入書店名を明記のうえ、講談社業務宛にお送りください。送料小社負担にてお取替えします。なお、この本の内容についてのお問い合わせは、講談社サイエンティフィク宛にお願いいたします。定価はカバーに表示してあります。

©Yusuke Watanabe, 2016

本書のコピー、スキャン、デジタル化等の無断複製は著作権法上での例外を除き禁じられています。本書を代行業者等の第三者に依頼してスキャンやデジタル化することはたとえ個人や家庭内の利用でも著作権法違反です。

JCOPY　〈(社)出版者著作権管理機構 委託出版物〉
複写される場合は、その都度事前に (社)出版者著作権管理機構(電話 03-3513-6969、FAX 03-3513-6979、e-mail: info@jcopy.or.jp)の許諾を得てください。

Printed in Japan
ISBN978-4-06-152916-8

明日を切り拓け！ 挑戦はここから始まる。

機械学習プロフェッショナルシリーズ

MLP

杉山 将・編
理化学研究所 革新知能統合研究センター センター長
東京大学大学院新領域創成科学研究科 教授

新刊

- **ベイズ深層学習**
  須山 敦志・著
  272頁・定価 3,300 円
  978-4-06-516870-7

- **強化学習**
  森村 哲郎・著
  320頁・定価 3,300 円
  978-4-06-515591-2

- **機械学習のための確率と統計**
  杉山 将・著
  127頁・定価 2,640 円
  978-4-06-152901-4

- **機械学習のための連続最適化**
  金森 敬文／鈴木 大慈／竹内 一郎／佐藤 一誠・著
  351頁・定価 3,520 円
  978-4-06-152920-5

- **確率的最適化**
  鈴木 大慈・著
  174頁・定価 3,080 円
  978-4-06-152907-6

- **劣モジュラ最適化と機械学習**
  河原 吉伸／永野 清仁・著
  184頁・定価 3,080 円
  978-4-06-152909-0

- **統計的学習理論**
  金森 敬文・著
  189頁・定価 3,080 円
  978-4-06-152905-2

- **グラフィカルモデル**
  渡辺 有祐・著
  183頁・定価 3,080 円
  978-4-06-152916-8

- **深層学習**
  岡谷 貴之・著
  175頁・定価 3,080 円
  978-4-06-152902-1

- **ガウス過程と機械学習**
  持橋 大地／大羽 成征・著
  256頁・定価 3,300 円
  978-4-06-152926-7

- **サポートベクトルマシン**
  竹内 一郎／烏山 昌幸・著
  189頁・定価 3,080 円
  978-4-06-152906-9

- **スパース性に基づく機械学習**
  冨岡 亮太・著
  191頁・定価 3,080 円
  978-4-06-152910-6

- **トピックモデル**
  岩田 具治・著
  158頁・定価 3,080 円
  978-4-06-152904-5

- **オンライン機械学習**
  海野 裕也／岡野原 大輔／得居 誠也／徳永 拓之・著
  168頁・定価 3,080 円
  978-4-06-152903-8

- **オンライン予測**
  畑埜 晃平／瀧本 英二・著
  163頁・定価 3,080 円
  978-4-06-152922-9

- **ノンパラメトリックベイズ**
  点過程と統計的機械学習の数理
  佐藤 一誠・著
  170頁・定価 3,080 円
  978-4-06-152915-1

- **変分ベイズ学習**
  中島 伸一・著
  159頁・定価 3,080 円
  978-4-06-152914-4

- **関係データ学習**
  石黒 勝彦／林 浩平・著
  180頁・定価 3,080 円
  978-4-06-152921-2

- **統計的因果探索**
  清水 昌平・著
  191頁・定価 3,080 円
  978-4-06-152925-0

- **バンディット問題の理論とアルゴリズム**
  本多 淳也／中村 篤祥・著
  218頁・定価 3,080 円
  978-4-06-152917-5

- **ヒューマンコンピュテーションとクラウドソーシング**
  鹿島 久嗣／小山 聡／馬場 雪乃・著
  127頁・定価 2,640 円
  978-4-06-152913-7

- **データ解析におけるプライバシー保護**
  佐久間 淳・著
  231頁・定価 3,300 円
  978-4-06-152919-9

- **異常検知と変化検知**
  井手 剛／杉山 将・著
  190頁・定価 3,080 円
  978-4-06-152908-3

- **生命情報処理における機械学習**
  多重検定と推定量設計
  瀬々 潤／浜田 道昭・著
  190頁・定価 3,080 円
  978-4-06-152911-3

- **ウェブデータの機械学習**
  ダヌシカ ボレガラ／岡﨑 直観／前原 貴憲・著
  186頁・定価 3,080 円
  978-4-06-152918-2

- **深層学習による自然言語処理**
  坪井 祐太／海野 裕也／鈴木 潤・著
  239頁・定価 3,300 円
  978-4-06-152924-3

- **画像認識**
  原田 達也・著
  287頁・定価 3,300 円
  978-4-06-152912-0

- **音声認識**
  篠田 浩一・著
  175頁・定価 3,080 円
  978-4-06-152927-4

＊表示価格には消費税(10%)が加算されています．

[2021年6月現在]

講談社サイエンティフィク　https://www.kspub.co.jp/